Astrid Falk

Grundkurs Terraristik

84 Farbfotos
10 Zeichnungen

E.U.
VERLAG
EUGEN
ULMER

Vorwort

Kornnattern sind beliebte Pfleglinge, die in Terrarien verhältnismäßig häufig nachgezogen werden. Die Abbildung zeigt ein Jungtier, das erst wenige Monate alt ist.

In den letzten Jahren ist die Zahl der Terrarienfreunde stetig gestiegen. Umweltzerstörung und Naturentfremdung sind sicher ebenso Auslöser dafür wie die Freude, die den Besitzer eines Terrariums erfüllt, wenn ein kleines, intaktes Stück Natur in seiner Obhut gedeiht, die Tiere gesund sind, sich artgemäß verhalten und sogar fortpflanzen. Allerdings kann man gerade zu Anfang viel falsch machen. Reptilien und Amphibien besiedeln die unterschiedlichsten Lebensräume, stellen die verschiedensten Ansprüche an Unterkunft und Nahrung, so dass man ohne ein bisschen Orientierung zu Beginn hilflos vor der angebotenen Vielfalt steht.

Eine Hilfe, um Enttäuschungen, Rückschläge und nicht zuletzt unnötige Leiden der Tiere, für deren Wohlergehen alleine wir verantwortlich sind, zu vermeiden, soll diese Einführung in die Terraristik sein. Die verschiedenen Behälter, ihre Einrichtung, technische Hilfsmittel, werden ebenso besprochen wie die in Frage kommenden Pflanzen. Eine Übersicht über die geeigneten Tierarten, ihre Ansprüche, Fortpflanzung und leider auch Krankheiten soll angesichts der verwirrenden Angebote im Handel und auf Börsen bei der Auswahl möglicher Pfleglinge helfen.

Im Literaturverzeichnis schließlich finden Sie Titel, die sich näher mit einzelnen Tiergruppen beschäftigen und bestimmte Themen ausführlich darstellen. Mit Hilfe dieser Bücher ist eine tiefergehende Beschäftigung mit der Materie möglich.

Was dann aber vor allem bei der Pflege von Terrarientieren zählt, sind die Geduld, die aufmerksame Beobachtung und das Fingerspitzengefühl, die sich im Laufe der Zeit bei jedem wirklich interessierten Terrarianer immer mehr entwickeln.

Bonn, im Herbst 2000
Astrid Falk

Inhalt

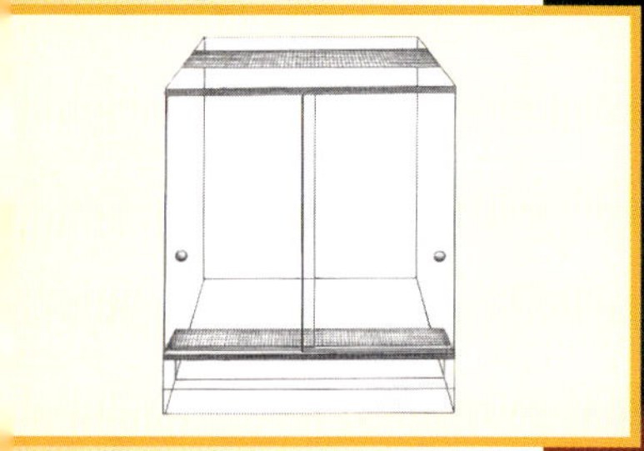

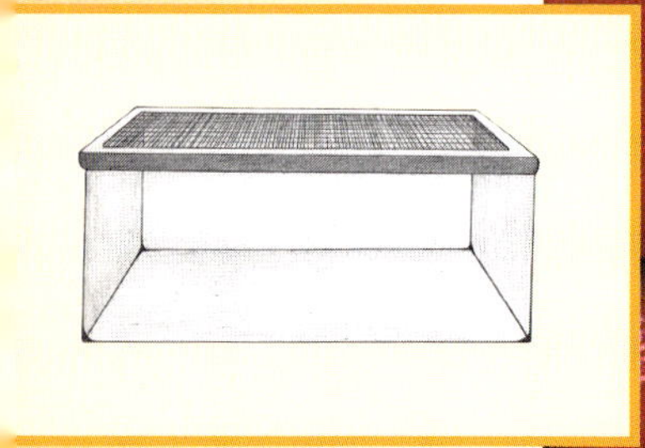

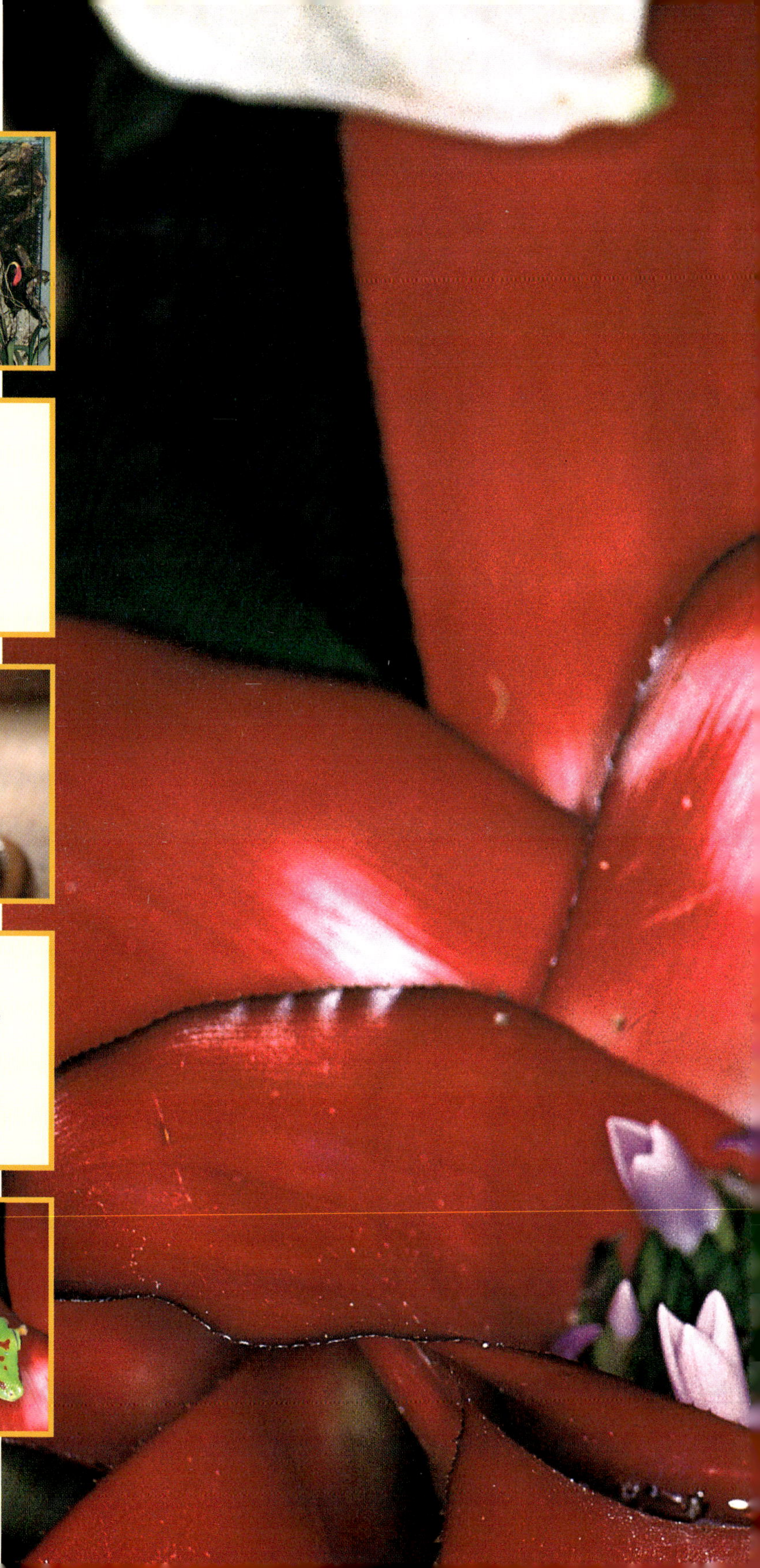

Das Terrarium

Früher wurden tropische Tiere in zoologischen Gärten oft einzeln in kleinen Behältnissen ausgestellt. Die Behausungen glichen eher beengten Käfigen, in denen die Tiere eine Zeit lang am Leben erhalten werden konnten, als tiergerechten Lebensräumen. Heutzutage weiß man auch über die Tiere mehr, die dem Menschen nicht so nahe stehen. Nicht nur für Warmblüter, auch für Schuppenkriechtiere, Amphibien, Insekten und Spinnentiere werden andere Prioritäten gesetzt als ihre bloße Sammlung und Zurschaustellung.

Seit vielen Jahren widmen sich Herpetologen und eine große Zahl von Terrarianern der Pflege und Vermehrung „ihrer" Tiere. Eine artgerechte Haltung und die Nachzucht, die ohnehin nur unter günstigen Bedingungen gelingt, sind vorrangig geworden. Der fortgeschrittene Kenntnisstand der Herpetologie (Amphibien- und Reptilienkunde) und natürlich auch die unabdingbare Technik ermöglichen es heutzutage, Tiere aus anderen Klimaten erfolgreich zu halten, so dass ihre natürliche Lebenserwartung erfüllt wird und es zur regelmäßigen Nachzucht kommen kann.

Gerade die Beobachtungen der im Verlauf der letzten 20 Jahre recht zahlreich gewordenen Hobbyterrarianer tragen dazu bei, die verschiedenen Tierarten und ihre besonderen Ansprüche besser kennen zu lernen.

Gehölz wie dieser gewundene Ast kann im Feuchtterrarium sehr dekorativ wirken. Mit einfachen Pflanzen als Ergänzung lässt sich ein harmonisches Gesamtbild erzeugen, es müssen nicht immer Orchideen sein.

Ein Terrarium stellt einen Miniaturbiotop mit eigenem Klima dar – vergleichbar etwa mit einem Gewächshaus. Für das Wohlbefinden der Tiere ist es dabei nicht von Bedeutung, ob Pflanzen, Äste oder Steine in seinem Behältnis aus demselben Gebiet stammen wie sie. Entscheidend sind die richtigen klimatischen Verhältnisse (Temperatur und Luftfeuchtigkeit). Auch die Form und Größe des Terrariums sowie die Art der Einrichtung müssen vom Aufbau her der Lebensweise der Tiere entsprechen. So wird man baumbewohnende Tiere immer in einem hohen Behälter mit Geäst zum Klettern unterbringen, während für Bodenbewohner die Größe der Grundfläche, auf der ihr Lebensraum gestaltet wird, maßgebend ist. Die Mindestgrößen der Terrarien sind im Kapitel „Die Terrarientiere" zu jedem Tierportrait angegeben.

Einerseits soll der künstlich hergestellte Lebensraum so groß wie möglich sein, andererseits muss man daran denken, dass der gesamte Rauminhalt beleuchtet und beheizt werden muss, was schließlich mit Kosten verbunden ist. Es wäre deshalb sinnlos, wollte man beispielsweise einem reinen Bodenbewohner ein hohes Terrarium zur Verfügung stellen, das im oberen Bereich gar nicht genutzt wird. Form und Größe des Terrariums hängen also ganz von den Tieren ab, die darin gepflegt werden sollen.

Der beste Platz für ein Terrarium

Das Terrarium sollte an einem ruhigen Ort stehen, von dem aus die Tiere den Raum zumindest teilweise überblicken können und sich nähernde Menschen schon aus ein paar Metern Entfernung sehen. Baumbewohner sollten die Möglichkeit haben, den Pfleger aus einer höheren Position, wenigstens aber aus Augenhöhe zu beobachten. Solche Behälter setzt man deshalb auf einen Unterbau und nicht direkt auf den Boden.

Geht man immer mit ruhigen Bewegungen auf das Terrarium zu, gewöhnen sich die Tiere an das Leben in ihrer Umgebung und nehmen vieles nach einer Weile nicht mehr als Bedrohung wahr.

Durchgänge oder andere Plätze, wo immer wieder Unruhe herrscht, sind ungeeignet. Die Tiere sehen Menschen nur als große Schatten, die sie instinktiv als Fressfeinde einordnen, reagieren eventuell mit einem panischen Sprung gegen die Scheiben und verletzen sich.

Terrarien dürfen auch nicht im prallen Sonnenschein stehen. Man hat keine Kontrolle über die Temperatur, und es wird schnell zu warm. Auch Zugluft ist schädlich.

Worauf man beim Kauf eines Terrariums achten sollte

Terrarien kann man im Zoofachhandel mit Terraristikabteilung kaufen beziehungsweise bestellen oder bei einem Terrarienbauer nach eigenen Vorgaben in Auftrag geben. Entsprechende Inserate findet man in Fachzeitschriften.

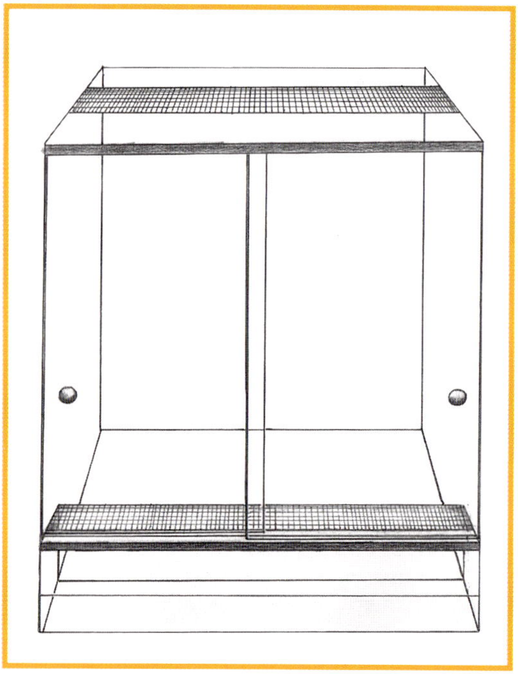

Terrarium mit Schiebescheiben

Handelsübliche Terrarien sind meistens rundum aus Glas gefertigt, wobei die Front aus zwei Scheiben besteht, die sich zum Öffnen des Behälters verschieben lassen. Weil die meisten Terrarientiere auch nach längerer Zeit nicht begreifen, dass Glas für sie ein Hindernis ist, ist es ratsam, Rück- und Seitenwände zu verkleiden und nur die Frontscheiben durchsichtig zu lassen. Verschiedene Materialien dazu werden im Kapitel „Die Einrichtung" vorgestellt.

Damit im Terrarium keine Stickluft entsteht, die den Tieren schadet und zu Fäulnisprozessen mitsamt Schimmelbildung führt, muss die Luft langsam und stetig zirkulieren können. Der **Luftaustausch** wird am einfachsten durch zwei Lüftungsflächen gewährleistet. Sinnvoll ist es, wenn sich eine Fläche, durch die die Luft hineinzieht, direkt unterhalb der Schiebescheiben und eine zweite in der Abdeckung als Abzug befindet. So beschlagen auch bei hoher Luftfeuchtigkeit die Frontscheiben nicht. Die Lüftungsstreifen sollten über die gesamte Länge des Terrariums reichen und mit Lochblech oder Drahtgaze abgedeckt sein. Kunststoffgaze ist ungeeignet, weil sie von Futtertieren angefressen werden kann und sich außerdem schlecht reinigen lässt. Will man Tiere pflegen, die mit kleinsten Futtertieren ernährt werden, müssen die Lüftungsgitter sehr feinmaschig sein, um zu verhindern, dass die Futtertiere ausreißen können.

Die obere Lüftungsfläche muss breit genug sein (nicht schmaler als zehn Zentimeter) um darüber einen Strahler anbringen zu können. Schmalere Lüftungsflächen sind sehr ungünstig, weil dann weder genügend Wärme noch UV-Licht (Glas filtert UV-Strahlung) das Innere des Terrariums erreichen. Außerdem platzt womöglich aufgrund der Lampenhitze das Glas. Will man Strahler innerhalb des Terrariums anbringen, muss es hoch genug sein, damit auch kletternde Tiere die heiß werdenden Strahler nicht erreichen können. Bei Regenwaldterrarien, in denen sich die Luftfeuchtigkeit länger halten soll, kann man – wenn nötig – die obere Lüftungsfläche später immer noch durch Auflegen von Glasscheiben verkleinern. Die untere Lüftungsfläche sollte etwa drei Zentimeter breit sein.

Bei der Pflege grabender Tiere ist es sinnvoll, wenn der **Sockel für die Bodengrundschicht** nicht zu niedrig bemessen ist, damit man ausreichend Erde oder Sand einfüllen kann und das Substrat nicht gleich wieder durch die Lüftungsfläche herausrieselt.

Hält man bodenbewohnende Tiere, die eine hohe Bodengrundschicht zum Graben brauchen, kann man auch **Aquarien** verwenden. Allerdings muss dann die gesamte Abdeckung luftdurchlässig sein. Eine solche Abdeckung lässt sich einfach aus Drahtgaze herstellen, die auf einen Leistenrahmen gespannt wird. Der Rahmen muss allerdings stramm sitzen, damit weder Futtertiere noch kleine Terrarienbewohner durch eventuelle Ritzen entweichen können.

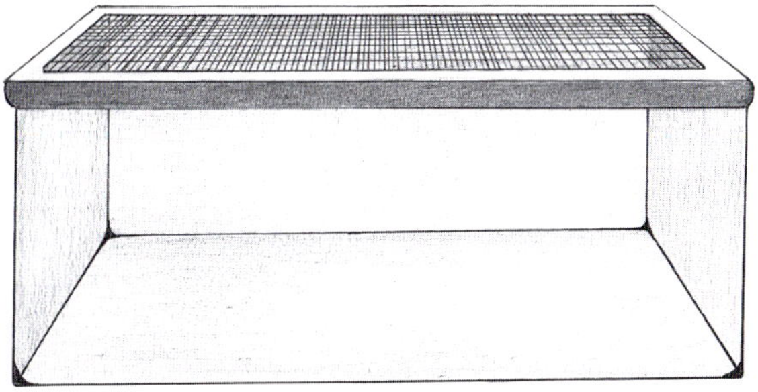

Terrarium mit Drahtabdeckung

Überhaupt ist die Flucht von Terrarientieren durch enge Spalten oder kleine Löcher leider keine Seltenheit, gerade bei unerfahrenen Pflegern, die nicht damit rechnen, wie schmal sich ein Reptil machen kann. Besonders Schlangen sind Ausbruchkünstler! Um ein Verschieben der Frontscheiben von innen durch die Tiere oder von außen durch Unbefugte zu vermeiden, setzt man **Terrarienschlösser** (Fachhandel) ein, die so funktionieren wie gebräuchliche Vitrinenschlösser.

Bei der Anschaffung sollte man auch auf Solidität und Verarbeitung des Terrariums achten. Zerlegbare Terrarien mit Kunststoffrahmen etwa, die im Handel als Stecksystem angeboten werden, sind wenig geeignet für einen Dauerbetrieb im Wohnraum. Die Stabilität solcher Behälter lässt sehr zu wünschen übrig, und auch hier taucht das Problem auf, dass der Bodengrund herausfällt, diesmal durch die nicht abgedichteten Kanten.

Wer handwerklich geschickt ist, wird sich vielleicht für den **Selbstbau** entscheiden. Am besten baut man Rück- und Seitenwände aus Holz (Tischlerplatte) und versiegelt die Flächen mit Acryllack. Acryllacke sind im Gegensatz zu Kunstharzlacken, die auch nach der Trocknung Gifte abgeben können, unbedenklich. Zum Abdichten der Kanten von innen und Einkleben von Einrichtungsgegenständen wie Rückwänden, Steinen, Kork verwendet man Silikonkautschuk auf Essigsäurebasis, der ausdrücklich für Aquarien geeignet ist. Da hier für eine ausführliche Behandlung dieses Themas nicht genügend Raum ist, sollten sich Interessierte die entsprechenden Fachbücher (siehe Literaturverzeichnis) besorgen.

Das Terrarium im Urlaub

Auch während des Urlaubs muss sichergestellt sein, dass das Terrarium versorgt ist.

Leider gibt es für Amphibien und Reptilien bisher kaum Pflegeeinrichtungen wie Tierheime oder -pensionen. Also muss man sich rechtzeitig Gedanken über die Urlaubsvertretung machen.

Während des Urlaubs sollten die Tiere in ihren angestammten Behältern bleiben. Kleinere Terrarien kann man für diese Zeit noch transportieren und einem möglichst kundigen Menschen in Pflege geben. Allerdings wird nicht jeder lebende Insekten oder gar Mäuse verfüttern wollen. Viele Menschen ängstigen oder ekeln sich vor Reptilien, Amphibien oder Vogelspinnen. Größere Behälter müssen an Ort und Stelle mindestens ein- bis zweimal wöchentlich versorgt werden. Auch wohlgenährte Schlangen, die mehrere Wochen ohne Futter auskommen, brauchen regelmäßig frisches Trinkwasser, das man nur begrenzt auf Vorrat geben kann, da viele Tiere in der Wasserschale baden oder hineinkoten.

Die rechtliche Seite

Von Rechtsanwalt Dietrich Rössel, Frankfurt/M.
(Stand: 1.5.2000)

Artenschutzrecht

Durch die immer weiter fortschreitende Zerstörung von Lebensräumen einerseits und die Entnahme von großen Mengen seltener Tier- und Pflanzenarten aus der Natur andererseits sind bereits viele Arten ausgerottet worden; andere Arten sind stark gefährdet. Um diese Entwicklung zu bremsen, wurde das Artenschutzrecht geschaffen, das damit faktisch die Aufgabe hat, Tiere und Pflanzen vor dem Menschen zu schützen. Folgende gesetzliche Regelungen sind im Bereich des Artenschutzrechts für den Tierhalter von besonderer Bedeutung:

- das Washingtoner Artenschutzabkommen, das in der Bundesrepublik Deutschland am 20. Juni 1976 in Kraft getreten ist;
- die neue EU-Artenschutzverordnung Nr. 338/97, die in der gesamten Europäischen Union seit dem 1. Juni 1997 gilt und die EU-Artenschutzverordnung Nr. 3626/82 abgelöst hat;
- das Bundesnaturschutzgesetz in der Fassung vom 30. April 1998;
- die Bundesartenschutzverordnung;
- die Naturschutzgesetze der einzelnen Bundesländer; diese befassen sich vor allem mit dem Schutz wild lebender, also einheimischer Tier- und Pflanzenarten.

In Urlaubsländern werden auf Märkten manchmal Reptilien zum Kauf angeboten. Die Preise sind verlockend, und oft werden solche Tiere aus Mitleid von Urlaubsreisenden gekauft. Die Ein- oder Ausfuhr ist aber in den meisten Fällen nicht erlaubt. Außerdem handelt es sich nicht selten um Arten, die so heikel sind, dass sie bei uns im Terrarium nicht lange überleben.

Zu den jeweiligen Regelungen gibt es Anlagen beziehungsweise Anhänge, die die unter Artenschutz stehenden Tier- und Pflanzenarten aufführen. Je nach Schutzstatus unterliegen die genannten Arten Handels- und/oder Importbeschränkungen; wer ein solches Tier in Besitz hat, muss in der Regel – beispielsweise durch CITES-Papiere – den Nachweis führen können, dass es sich nicht um eine illegale Naturentnahme handelt. Kann er das nicht, droht ihm die Einziehung des Tieres sowie für den Fall, dass ihm ein schuldhaftes Verhalten nachgewiesen wird, sogar ein Ordnungswidrigkeiten- oder im Extremfall ein Strafverfahren. So reizvoll es sein mag, im Terrarium ein aus dem Urlaub mitgebrachtes Tier zu pflegen: Die Gefahr, dass man durch die Entnahme gegen das Artenschutzrecht verstößt und bei einer Kontrolle – beispielsweise beim Grenzübertritt – das Tier entdeckt wird, ist nicht zu vernachlässigen. Vor einem solchen „Eigenimport" sollte man sich in jedem Fall bei den zuständigen Ämtern in Deutschland und dem Ursprungsland schriftlich erkundigen, ob ein derartiges Vorgehen zulässig ist.

Auch beim Erwerb von Terrarientieren im Zoofachhandel ist eine gewisse Vorsicht geboten. Wenn Tiere unter Artenschutz stehen, werden in der Regel die notwendigen Papiere mitgeliefert; soweit nach der neuen Rechtslage diese Papiere nicht mehr benötigt werden, ein Nachweis über die Herkunft des Tieres aber trotzdem geführt werden muss, müssen die notwendigen Auskünfte über die Herkunft gegeben werden, damit der Käufer in der Lage ist, die Herkunft der Tiere nachzuweisen. Dies sollte unbedingt in schriftlicher Form erfolgen. Bei Unsicherheiten empfiehlt es sich, eher auf den Kauf zu verzichten, als sich Ärger einzuhandeln.

Ein Teil der in diesem Buch vorgestellten Tiere steht unter Artenschutz. Mit Inkrafttreten des neuen EU Artenschutzrechts können die Anhänge zu den jeweiligen rechtlichen Regelungen jedoch recht flexibel gehandhabt werden; wenn sich der Gefährdungsstatus einer Art ändert, kann sie in kurzer Zeit von einem strengen zu einem weniger strengen artenschutzrechtlichen Status überführt werden und umgekehrt. Daher soll hier darauf verzichtet werden, den jeweiligen Artenschutzstatus jeder Art zu nennen. Bei Unklarheiten ist eine Nachfrage bei dem zuständigen Regierungspräsidium oder bei dem Bundesamt für Naturschutz in Bonn sinnvoll.

Die Artenschutzbestimmungen werden je nach Gefährdungsstatus einer Art geändert. Auskunft über die aktuellen Bestimmungen gibt das zuständige Regierungspräsidium oder das Bundesamt für Naturschutz.

Ein Problem, das in der Praxis von besonderer Bedeutung ist, betrifft diejenigen Tierarten, die nicht dem besonders strengen Schutzstatus des Anhang A der WEU-Verordnung 338/97 unterliegen: Für diese Tiere müssen keine CITES-Papiere mehr ausgestellt werden, die Beweislast für die Rechtmäßigkeit des Besitzes bleibt jedoch unverändert bei dem Besitzer. Im Einzelfall stellen manche Behörden auf besonderen Wunsch weiterhin CITES-Papiere aus; sie können sich jedoch auch darauf berufen, dass diese für die entsprechenden Tiere nicht mehr notwendig sind, und die Ausstellung der Papiere verweigern (was auch oft der Fall ist).

In derartigen Fällen ist zum Nachweis der Rechtmäßigkeit des Besitzes grundsätzlich jede Beweisführung (Foto bei individuell unterscheidbaren Tieren, Abstammungsgutachten, Kaufverträge, Einfuhrdokumente, Rechnungen, Zuchtbescheinigungen) zulässig; man sollte sich schon bei Übernahme der Tiere entsprechend absichern und die notwendigen Belege der Behörde gleich mitvorlegen, da im Falle einer späteren Nachprüfung oft Schwierigkeiten entstehen können, wenn die Unterlagen nicht zeitnah zur Übergabe der Tiere erstellt wurden und der Vorbesitzer sich nicht mehr erinnern kann, keine Fotos mehr hat oder Ähnliches. Das Artenschutzrecht kann auch dazu eingesetzt werden, die einheimischen Tiere und Pflanzen vor einer Gefährdung durch fremde Arten, die sich hier ausbreiten, zu schützen. So wurde beispielsweise die Rotwangen-Schmuckschildkröte *(Pseudemys scripta elegans)* jahrzehntelang in großen Mengen importiert. Nachdem die kleinen, niedlichen Tiere dann immer größer wurden, wurden sie zu Tausenden ausgesetzt. Man sagt dieser Schildkrötenart nach, dass sie die einheimische Wasserfauna durchaus schädigen könne; sicher ist, dass die Tiere in unseren Breiten problemlos überwintern. Der Import dieser Art in das Gebiet der EU ist nun schon seit einiger Zeit nicht mehr zulässig oder von einer Einzelfallgenehmigung abhängig, die nicht mehr erteilt wird; es kommen somit nur noch Nachzuchten in den Handel, die deutlich teurer sind als die früheren Massenimporte, so dass – hoffentlich – Spontankäufe vermieden werden.

Rechtliche Probleme beim Kauf von Reptilien
Leider werden oft Tiere angeboten, von denen sich erst nachträglich herausstellt, dass sie schon beim Kauf nicht gesund waren. Im günstigsten Fall führt dies zu – teilweise erheblichen – Tierarztkosten und zur Heilung des Tieres; allzu oft aber ist auch der Verlust des gerade erst erworbenen Hausgenossen zu beklagen. Wenn sich herausstellt, dass das Tier schon beim Erwerb krank gewesen sein muss (die Problematik, dies zu beweisen, ist natürlich in der Praxis ganz erheblich), dann kann der Käufer versuchen, Rechte über die Regelungen der „Sachmängelhaftung" (§§ 459 ff. BGB) durchzusetzen. Zunächst kann der Käufer zwischen der Wandelung (Rückgängigmachung des Kaufvertrages, also Rückerstattung des Kaufpreises und Rückgabe des Tieres) und der Minderung des Kaufpreises bei Aufrechterhaltung des Kaufvertrages – wählen; der Minderungsbetrag kann sich zum Beispiel an den aufgewendeten Tierarztkosten orientieren. Hat der Käufer allerdings die Gesundheitsschäden beim Kauf gekannt, haftet der Verkäufer nicht; hat er sie in grob fahrlässiger Weise übersehen, haftet der Verkäufer nur, wenn er den Mangel arglistig verschwiegen hat.

Ein Pärchen der gelben Erdnatter (Elaphe obsoleta).

Darüber hinaus kann dem Käufer noch ein Schadensersatzanspruch gegen den Verkäufer zustehen; dies ist insbesondere dann von Bedeutung, wenn das erworbene Tier trotz aller Bemühungen eingeht oder wenn die Tierarztkosten den Kaufpreis für das Tier übersteigen. Ein solcher Anspruch ist allerdings nur dann gegeben, wenn der Verkäufer entweder die Krankheit des Tieres arglistig verschwiegen oder aber eine nicht bestehende Eigenschaft ausdrücklich zugesichert hat, beispielsweise also auf Nachfrage ausdrücklich bestätigt hat, das Tier sei gesund. Im Hinblick darauf, dass der Tierschutzge-

Es ist sehr schwer zu beweisen, dass ein Tier schon beim Kauf krank gewesen ist.

danke inzwischen auch im Bürgerlichen Gesetzbuch festgehalten ist, kann der Käufer auch den Ersatz von Tierarztkosten verlangen, die den Wiederbeschaffungswert des Tieres überschreiten.

Die Ansprüche zwischen Käufer und Verkäufer unterliegen einer kurzen Verjährungsfrist von sechs Monaten seit der Übergabe des Tieres, es sei denn, dass der Verkäufer den Mangel arglistig verschwiegen hat.

Miet- und Wohnungseigentumsrecht

Mitunter bereitet die Haltung von Terrarientieren auch deshalb Probleme, weil der Vermieter dieses Hoby nicht dulden will. Im Gegensatz zum Artenschutzecht spielen hier nicht so sehr die gesetzlichen Regelungen eine Rolle, sondern vielmehr der Mietvertrag und – im Streitfall – seine Auslegung durch das Gericht. In der Regel sieht ein Mietvertrag zur Tierhaltung entweder vor, dass die Tierhaltung verboten ist oder dass sie einer Genehmigung des Vermieters bedarf. Seit der Bundesgerichtshof im Jahr 1992 in einem grundlegenden Urteil auch zur Tierhaltung in Mietwohnungen Stellung genommen hat, ist die Haltung von Kleintieren, von denen in der Regel keine Störungen (Lärm, Geruch) ausgehen, aber auch dann gestattet, wenn der Mietvertrag ein Verbot oder eine Erlaubnispflicht für die Tierhaltung vorsieht. Eine derartige Tierhaltung wird damit als übliche und vertragsgemäße Wohnungsnutzung, die der Vermieter nicht verbieten darf, angesehen. Viele Mietverträge wurden dieser Rechtsprechung angepasst und beschränken das Haltungsverbot bzw. den Genehmigungsvorbehalt auf solche Tiere, die keine „Kleintiere im Sinne des Gesetzes" sind; soweit weiterhin alle Tiere von einer solchen Regelung erfasst werden, ist die betreffende Klausel des Vertrages in aller Regel als unwirksam anzusehen.

Terrarientiere, die ungefährlich sind oder die keine Störungen verursachen, sind im Allgemeinen genehmigungsfrei.

Soweit es sich bei den gehaltenen Terrarientieren nicht um Schlangen handelt, tendiert die Rechtsprechung dazu, die Tierhaltung zuzulassen, da die Tiere keine Störungen verursachen können und damit genehmigungsfrei sind mit der logischen Folge, dass der Vermieter ihre Haltung auch nicht verbieten kann. Die Haltung von ungefährlichen Schlangen wird teilweise ebenfalls noch als „Kleintierhaltung" betrachtet mit der Folge, dass der Mieter die Tiere halten darf. Andere Gerichte nehmen aber eine wesentlich kritischere Position gegenüber der Schlangenhaltung ein und argumentieren, es komme ungeachtet der Frage, ob die Tiere tatsächlich gefährlich seien oder Lärm- bzw. Geruchsstörungen verursachen könnten, vor allem darauf an, dass weite Teile der Bevölkerung Vorbehalte gegenüber Schlangen hätten und dass die Haltung dieser Tiere daher geeignet sei, den Hausfrieden zu stören. Diese Rechtsansicht hat zur Folge, dass ein Mieter damit rechnen muss, die Schlangenhaltung untersagt zu bekommen und hält er sich nicht daran, drohen ihm im schlimmsten Fall fristlose Kündigung und Räumungsklage. Ob ein Schlangenhalter einen solchen Prozess gewinnt oder nicht, hängt leider tatsächlich auch davon ab, ob der zuständige Richter diese Tiere mag oder nicht.

Die Rechtsansicht, dass ungefährliche, nicht störende Tiere in einer Mietwohnung verboten werden können, ist meines Erachtens nicht haltbar, da mit einer derartigen Argumentation im Einzelfall auch die Haltung der allgemein anerkannten Kleintiere unterbunden werden könnte. Es ist daher ausschließlich darauf abzustellen, ob die streitgegenständlichen Tiere objektiv Gefahren oder Störungen hervorrufen könnten, da anderenfalls die Gefahr der unzulässigen Nutzungsbeschränkung besteht.

Für die Haltung von Schlangen in Mietwohnungen, auch wenn sie harmlos sind, gibt es keine allgemeingültigen Bestimmungen. Verbot oder Erlaubnis hängen von der Beurteilung des zuständigen Gerichtes ab.

Die Haltung von Giftschlangen wird in einer Mietwohnung in aller Regel als unzulässig bewertet, da ein gewisses Risiko, dass ein Tier doch einmal aus dem Terrarium entkommt, immer als vorhanden betrachtet wird.

Aber auch in Eigentumswohnungen ist die Haltung von Tieren nicht uneingeschränkt erlaubt. Grundsätzlich besteht die Möglichkeit, durch Eigentümerbeschlüsse die Tierhaltung zu verbieten oder zumindest einzuschränken. Wie weit eine solche Einschränkung gehen darf, ist im Einzelfall oft umstritten; unzweifelhaft dürfte aber sein, dass es möglich ist, die Haltung von Giftschlangen in einer Eigentumswohnung zu untersagen. Ob dasselbe auch für die Haltung von ungefährlichen Schlangen gilt, muss wiederum anhand der Frage entschieden werden, ob die objektiv nicht störende Haltung dieser Tiere subjektiv den Hausfrieden in unzumutbarer Weise beeinträchtigen kann; über die auslegungsfähige Frage der „Unzumutbarkeit" entscheidet der jeweils zuständige Richter. Die Haltung solcher Terrarientiere, bei denen es sich nicht um Schlangen handelt, dürfte in der Praxis aber nicht verboten werden können. Vergleiche auch Rössel 1997.

Die Problematik der gefährlichen Tiere

Zur Zeit gibt es in acht Bundesländern für bestimmte Tiere, die als gefährlich gelten, Sonderregelungen, nämlich in Bayern, Berlin, Bremen, Mecklenburg-Vorpommern, Niedersachsen, dem Saarland, Schleswig-Holstein und Sachsen-Anhalt. In diesen Bundesländern muss die Haltung bestimmter Tierarten genehmigt werden; wer ein solches Tier ohne Genehmigung hält, begeht eine

Ordnungswidrigkeit. Allerdings sind diese Regelungen teilweise gründlich missglückt (ausführlicher: Rössel 1996); beispielsweise wurde in der saarländischen Verordnung vergessen, Giftschlangen aufzunehmen, während andere Verordnungen pauschal für alle **Boidae** und alle **Varanidae** eine Haltungsgenehmigung vorschreiben.

Auch die in diesem Buch vor gestellten Tierarten, von denen eine Gefahrverursachung für den Menschen an sich nicht vorstellbar ist, sind teilweise von den genannten und mitunter nicht gerade sachgerechten Regelungen betroffen. Es sind dies im Einzelnen:

Königspython (***Python regius***): In Bayern werden von manchen Behörden pauschal alle **Boidae** als gefährliche Tiere betrachtet; dies entspricht jedoch weder den tatsächlichen Gegebenheiten noch den Vollzugsempfehlungen. Im Saarland ist die Gattung **Python** pauschal erfasst, in Bremen und Berlin sogar die ganze Familie der **Boidae**.

Rosenboa (***Lichanura trivirgata***): Bezüglich Bayern, Bremen und Berlin sei auf die Ausführungen zum Königspython verwiesen.

Mexikanische Rotbeinvogelspinne (***Brachypelma boehmi***): Ob in Bayern Vogelspinnen als gefährliche Tiere anzusehen sind, ist umstritten; ein entsprechendes Urteil des Verwaltungsgerichtes Ansbach verneint dies, einzelne Behörden verlangen aber nach wie vor eine Genehmigung. In Niedersachsen, Sachsen-Anhalt und Bremen ist die Haltung „tropischer Giftspinnen" grundsätzlich verboten; im Einzelfall müssen hohe Auflagen erfüllt werden. Da aber alle Spinnen giftig sind (die meisten allerdings nicht in für den Menschen gefährlicher

Weise), wird man diese Formulierung wohl so verstehen müssen, dass nur die für den Menschen gefährlich giftigen Spinnen erfasst sind. Die entsprechende Verordnung ist hier sehr ungenau. In Berlin sind pauschal „giftige Spinnen" erfasst.

Kaiserskorpion (*Pandinus imperator*): In Bayern ist die Situation vergleichbar wie bei den Vogelspinnen; in Niedersachsen, Bremen und Sachsen-Anhalt ist die Haltung „giftiger Skorpione" wie oben bei den Spinnen geregelt (auch alle Skorpione sind giftig, wenn auch die meisten für den Menschen harmlos sind!). In Berlin unterliegt die Haltung aller Skorpione einem Genehmigungsvorbehalt.

Die Regelungen in Schleswig-Holstein und Mecklenburg-Vorpommmern beziehen sich pauschal auf Tierarten, die „Menschen... gefährden können"; die hier im Einzelfall notwendige Überprüfung wird aller Voraussicht nach dazu führen, dass die in diesem Buch genannten Tierarten unter dem rechtlichen Gesichtspunkt der „gefährlichen Tiere" unproblematisch sind.

Weitere Rechtsgebiete

Auf Fragen des Tierschutzrechts sowie auf baurechtliche Fragen kann an dieser Stelle aus Platzgründen nicht ausführlich eingegegangen werden. Dass Tiere gemäß den Vorschriften des Tierschutzgesetzes artgerecht zu halten sind, ist selbstverständlich; eine Orientierungshilfe bietet neben der Fachliteratur das bei der Deutschen Gesellschaft für Herpetologie und Terrarienkunde - DGHT - erhältliche Gutachten zu den Mindesthaltungsbedingungen für Reptilien.

Baurechtlich ist insbesondere von Bedeutung, dass Tiergehege im Freien bei entsprechender Größe eine baurechtliche Genehmigung benötigen; die einschlägigen Rechtsnormen finden sich in den Landesbauordnungen. Daneben ist aber auch noch eine naturschutzrechtliche Genehmigung notwendig (§24 BNatSchG i.V.m. den entsprechenden Regelungen der Landesnaturschutzgesetze).

Terrarientypen und ihre Einrichtung

Amphibien und Reptilien bevölkern die unterschiedlichsten Lebensräume. Sie leben in Trockenwäldern, Gras- und Strauchsteppen, extremen-, echten und Halbwüsten, darunter Sand-, Fels-, Kies- und Nebelwüsten. Genauso vielfältig sind die von ihnen besiedelten Feuchtbiotope. Temperaturen, Dauer und Häufigkeit der Regenfälle sind unterschiedlich, und jede Landschaft hat ihre eigene Flora und Fauna. Deshalb kann die folgende Unterteilung in sechs Terrarientypen nur die Richtung angeben. Spezielle Haltungsbedingungen einzelner Arten werden im Kapitel „Die Terrarientiere" näher beschrieben, die Terrarientechnik und wie man sie einsetzt, um die richtigen Klimaverhältnisse herzustellen im folgenden Kapitel.

Bei der Einrichtung eines Terrariums können Bastler so richtig auf ihre Kosten kommen. Wem das nicht liegt, der mag sich im Zoohandel nach passenden Einrichtungsgegenständen umsehen. Vorgefertigte Terrarienrückwände gibt es dort ebenso wie Höhlen und Wasserbassins aus Plastik oder Ton.

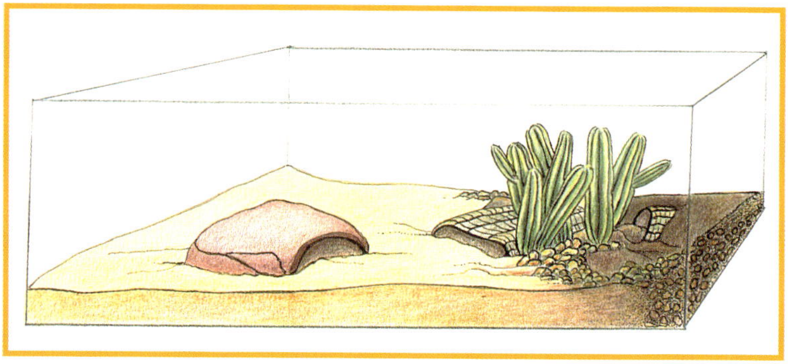

Ein Wüstenterrarium wird mit einer dicken Bodengrundschicht versehen, die an einer Stelle leicht feucht gehalten wird.

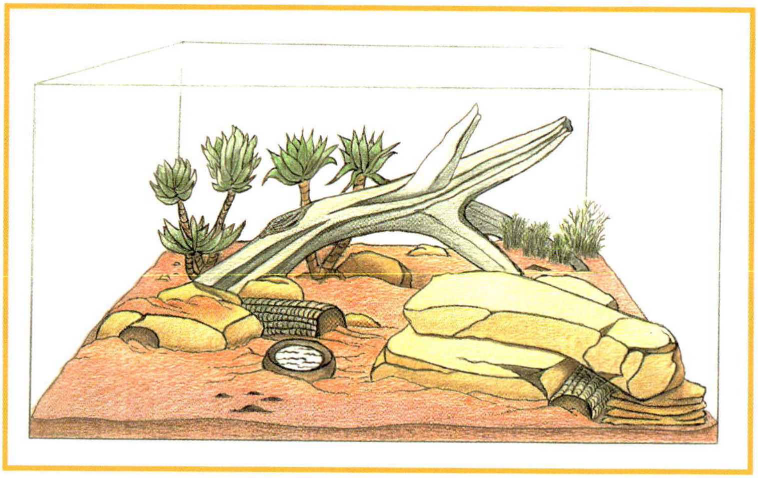

Ein Steppenterrarium kann recht abwechslungsreich eingerichtet werden.

Die südafrikanische Great-Karoo-Halbwüste ist Lebensraum für viele Reptilien.

Wüstenterrarium (T1W) und Steppenterrarium (Halbwüste) (T1S)

Da wir es bei Tieren aus extremen Sandwüsten mit Bodenbewohnern zu tun haben, ist die Grundfläche maßgebend. Wichtig ist eine hohe Bodengrundschicht.

Halbwüsten oder Trockensteppen können abwechslungsreicher sein. Dort leben Arten, die Bäume, Sträucher, Grasland und Steinansammlungen bewohnen. Die Einrichtung sollte aus Steinaufbauten mit rauer Oberfläche, raurindigen Ästen und Wurzelstücken bestehen, die von den Tieren zum Klettern, Sonnen und Verstecken genutzt werden. Größe und Proportionen des Terrariums wählt man nach den Ansprüchen der jeweiligen Art aus.

In heißen, trockenen Gebieten sind tieferliegende Schichten des Bodens kühl und leicht feucht. Viele Reptilien und einige Kröten, die in solchen Gegenden vorkommen, graben unter Steinen oder Sträuchern Höhlen, in die sie sich, je nach Aktivitätszeit tagsüber oder nachts, zurückziehen. Verschiedene bodenbewoh-

Gleichgültig welches Gestein man verwendet, ein sorgfältiger Aufbau ist wichtig, damit nichts verrutschen und einstürzen kann.

nende Geckos, Leguane (Maskenleguane), Skinke, Berberkröten, Schlangen, z.B. *Lampropeltis*-Arten, graben sich auch zeitweise ein oder bewohnen manchmal verlassene Nagerbauten.

In Wüsten und wüstenähnlichen Gegenden ist es nachts erheblich kühler als am Tag, und die Luftfeuchtigkeit nimmt zu. Die Tiere verlassen morgens, wenn sich Tau gebildet hat, nachtaktive Arten abends, wenn die Luftfeuchtigkeit ansteigt, ihre Verstecke und lecken Tropfen von Steinen oder Pflanzen auf. Indem wir das Terrarium morgens und abends mit einer Sprühflasche (Wasserzerstäuber für Zimmerpflanzen) leicht überbrausen, imitieren wir die Taubildung. Heizung und Beleuchtung werden abends ausgeschaltet. Tagsüber muss die Luftfeuchtigkeit sinken und zwischen 40 und 50 Prozent liegen. Eine gute Luftzirkulation ist deshalb im Trockenterrarium besonders wichtig.

Temperaturzonen und Sonnenplätze

Ein Wüsten-, Steppen- oder Felsenterrarium, in dem tagaktive Tiere gehalten werden, sollte sehr gut ausgeleuchtet werden und Sonnenplätze mit hohen Temperaturen aufweisen.

In jedem Terrarium muss es allerdings verschiedene Temperaturzonen geben, so dass die Tiere zwischen sonnenbeschienenen, halbschattigen und schattigen Bereichen wechseln können. Auch am Boden plant man wärmere und kühlere Stellen ein.

Felsenterrarium (T1F)

Hier haben wir es hauptsächlich mit Echsen zu tun, die auf und zwischen Felsgestein leben. Ihre Krallen sind kurz und kräftig, am Ende fein und spitz. Damit können die Tiere sich in kleinen Rissen und rauen Strukturen des Gesteins festhalten. Die Gestaltung von

Sonnenplätzen, Unterständen und Schlafhöhlen innerhalb eines Felsenterrariums erfordert Planung und Geschick.

Einrichtung im Trockenterrarium

Der Bodengrund. Für Wüsten-, Steppen- (Halbwüsten) und Felswüstenterrarien verwenden wir einen sandigen oder lehmigen, größtenteils trockenen Bodengrund. Geeignet ist Aquariensand (Korngröße bis 0,8 Millimeter) oder ein Gemisch aus Lehm und Sand. Das Lehmgemisch hat den Vorteil, dass gegrabene Höhlen, zumal wenn sie leicht feucht gehalten werden, stabil bleiben und nicht so leicht zusammenfallen. Manche Zoofachhandlungen bieten rötlichen und ockerfarbenen Terrariensand an, der auch Tonanteile enthält.

Baustellensand nimmt man besser nicht. Er enthält oft Verunreinigungen, die den Tieren schaden können.

Im Trockenterrarium muss eine ständig leicht feuchte Stelle vorhanden sein, die in einer etwas kühleren Zone liegt. Da sich manche Tiere zeitweise gern an solchen Plätzen aufhalten oder eingraben, richtet man dort Versteckmöglichkeiten ein. Viele Tiere nehmen hier auch Feuchtigkeit über die Haut auf.

> **Wie hoch muss der Bodengrund sein?**
>
> Viele Terrarientiere, die in Bodennähe leben, graben sich tags oder nachts ein. Eine ausreichend hohe Bodengrundschicht ist deshalb sehr wichtig.
>
> Für kleine Geckos oder Frösche und Kröten bis zu etwa sieben Zentimetern Länge ist eine Schicht von sieben bis zehn Zentimetern Höhe im allgemeinen ausreichend. Für größere Tiere muss die Schicht entsprechend stärker sein.

Klettermöglichkeiten, Liegeplätze und Verstecke. Kleineren Bodenbewohnern, die nicht klettern, genügen ein paar leicht gewölbte Steine als Unterschlupf. Da Bodenbewohner gerne graben, kann es leicht passieren, dass die Steine verrutschen. Deshalb legt man sie nicht auf den Sand, sondern auf den blanken Boden, bevor der Sand eingefüllt wird. Auch Steinaufbauten müssen einsturzsicher direkt auf den Terrarienboden gesetzt werden. Ist die Bodenplatte aus Glas, sollten größere Steine auf jeden Fall gesichert werden. Man kann sie an mehreren Punkten mit Silikonkautschuk (aquarientauglich!) am Boden fixieren.

Tagaktive Echsen der Wüsten und Trockensteppen sind ausgesprochene Sonnenanbeter. Sie liegen oft sehr lange an sonnenbeschienenen Plätzen, suchen aber auch immer wieder etwas kühlere Stellen auf. Steinaufbauten, die etagenweise geschichtet werden, bieten oben unter den Strahlern die wärmsten Plätze, nach unten nimmt die Temperatur allmählich ab. Steine mit rauer Oberfläche wie Sandstein, Bruchsteinplatten, Lochgestein und

rauer Schiefer sind zum Klettern und Abnutzen der Krallen besser geeignet als glatte Oberflächen wie die von Kieselsteinen. Sie lassen sich auch stabiler aufeinander schichten.

> Innerartliche Aggressionen, die je nach Art unterschiedlich ausgeprägt sind, müssen bei der Einrichtung berücksichtigt werden. Mit den Einrichtungsgegenständen lassen sich Sichtbarrieren schaffen. Auch die Bepflanzung kann dazu beitragen. Wichtig sind vor allem genügend Sonnenplätze und Verstecke. Tiere, die in Gruppen mit einem erwachsenen Männchen und mehreren Weibchen leben, liegen oft friedlich zu mehreren an einem Sonnenplatz oder in einem Versteck. Andere beanspruchen zeitweise einen Sonnenplatz oder ein Versteck für sich allein und verjagen schwächere Artgenossen.

Mittelgroßen und großen Echsen, die im Boden Verstecke aufsuchen, kann man auch Kunsthöhlen anbieten. Runde oder halbrunde Tonröhren werden leicht schräg eingegraben, so dass der Eingang von außen sichtbar bleibt. Höhlen kann man selbst aus Ton formen und anschließend brennen lassen.

Viele Geckos, Schlangen, Kröten, Frosch- und Schwanzlurche ziehen flachgebaute Verstecke vor. Wichtig für sie ist der Körperkontakt zur Decke, damit sie sich geschützt fühlen. Schlafhöhlen müssen so geräumig sein, dass die Tiere der Länge nach bequem hineinpassen und es ihnen noch gelingt, sich darin herumzudrehen – Schlangen bilden natürlich eine

Linke Seite: Ein Terrarium für große Tiere, die durch ihr Gewicht eine Bepflanzung zerdrücken würden, kann man verschönern, indem man Rück- und Seitenwände bemalt.

Ausnahme. Im Versteck muss es dunkel sein, nur dann fühlen sich die Tiere sicher.

Rück- und Seitenwandgestaltung, künstliche Steinaufbauten. Ein Felsenterrarium mit einer kompletten Rückwand aus Natursteinen, zum Beispiel Schiefer-, oder Bruchsteinplatten, braucht wegen seines hohen Gewichtes zuerst einmal einen stabilen Unterbau. Der Behälter muss exakt waagerecht aufgestellt werden. Zwischen Bodenplatte und Unterbau legt man eine Matte, die kleinere Erschütterungen dämpft. Am besten fertigt man vor dem Einbau eine Skizze an, in der Sonnenplätze, Unterstände, Schlafhöhlen und Eiablageplätze für die jeweilige Tierart eingezeichnet werden.

Oben: Die Felsimitationen wurden aus Styroporblöcken herausgearbeitet und nach der unten beschriebenen Methode fertiggestellt.

Unten: Hier wurden Styroporplatten aufeinandergeleimt.

Sogenannter Aquarienmörtel enthält keine giftigen Substanzen und ist zum festen Zusammenfügen und Verputzen unerwünschter Fugen zwischen den Steinen geeignet. Außerdem lässt er sich gut modellieren. Man kann auch andere Materialien wie kleine Natursteine, Sand, Vermiculite, Rindenstücke und Pigmente daruntermischen. Es empfiehlt sich, etwas wasserfesten Holzleim beizumischen, so wird die Masse richtig hart.

Künstliche Rückwände und Steinaufbauten haben den Vorteil, dass sie viel leichter sind als Natursteingebilde. Höhlen, Unterstände, Liegeflächen und Sonnenplätze lassen sich nach eigenen Vorstellungen anfertigen. Aus den verschiedenen Techniken zur Herstellung solcher Gebilde wurde eine herausgegriffen, die sich sehr gut bewährt hat. Die Materialien sind leicht zu beschaffen, und man kann sie bedenkenlos in Innenräumen verarbeiten:

Styropor oder Styrodur, in Blöcken oder Platten in Baumärkten erhältlich, lässt sich sehr gut und leicht mit einem einfachen Messer schneiden, schnitzen und schaben. Die anschließende Oberflächenbehandlung ist allerdings etwas aufwendig, aber dafür ist das fertige Produkt sehr haltbar und hervorragend für den Einsatz im Trockenterrarium geeignet.

Auf die bearbeiteten Oberflächen wird mit einem Pinsel eine Leim-Wasserlösung (wasserfester Holzleim) aufgetragen, nach dem Trocknen eine Gips-Wasser-Leimlösung, die von cremiger Konsistenz sein sollte. Eventuell muss man das zwei- oder dreimal machen, bis alle Stellen gut bedeckt sind. Nach dem Trocknen werden die Oberflächen mit purem Leim bestrichen und mit Sand bestreut. Auch dieser Arbeitsgang wird, mit Trockenpausen, wiederholt, bis eine geschlossene Sandschicht die gesamte Fläche bedeckt.

Zum Schluss kann man den Felsen einfärben, indem man einen Pinsel in ein Leim-Wassergemisch taucht, damit Pigmente aus einem anderen Schälchen aufnimmt und auf der nun festen Sandschicht verteilt. Wenn Pigmente gleich mit der Lösung vermischt werden, entsteht eine unnatürlich glänzende Oberfläche.

Man sollte nur Erdpigmente wie Ocker, Siena oder Umbra verwenden. Das sieht natürlich aus, und man kann sicher sein, dass sie keine schädlichen Substanzen enthalten. Pigmente bekommt man in manchen Malerfachgeschäften oder im Fachhandel für Künstlerbedarf. Von den Pigmenten werden nur kleine Mengen benötigt, während der Leimverbrauch recht hoch ist. Die Oberfläche des Kunstfelsens ist am Schluss sehr hart und rau, so dass Echsen guten Halt beim Klettern finden. Gesäubert wird das Ganze bei Bedarf mit klarem Wasser und einer Bürste.

Bei Steinmetzbetrieben, Kiesgruben, Steinbrüchen und im Natursteinhandel kann man meist für ein paar Mark auch größere Mengen verschiedener Gesteinsarten kaufen. Kleinere Mengen bekommt man im Zoofachhandel.

Das halbfeuchte Terrarium (T2Hf) und Regenwaldterrarium (T2R)

In einem halbfeuchten Terrarium werden Tiere gepflegt, die weder in tropischen Regenwäldern noch in ausgesprochen trockenen Gebieten vorkommen, wie verschiedene Taggeckos und *Anolis*.

Eine Luftfeuchtigkeit von etwa 70 Prozent ist richtig. Nachts kann sie etwas ansteigen und die Temperatur um einige Grade fallen.

Die Temperaturen im tropischen Regenwald sinken nachts kaum unter 20 °C. Es gibt auch kaum jahreszeitlich bedingte Unterschiede. In einem Regenwaldterrarium sollte die Luftfeuchtigkeit 80 während des Tages bis 95 Prozent in der Nacht betragen. Tiere aus solchen Biotopen sind das ganze Jahr über aktiv und legen keine Winterruhe ein. Die nötige Luftfeuchtigkeit

Das halbfeuchte Terrarium, hier mit Bambusrohren, Gezweig und Wurzeln eingerichtet.

erreicht man durch regelmäßiges Sprühen. Wer ein großes Terrarium plant, für den lohnt sich vielleicht auch die Anschaffung einer Vernebelungsanlage (siehe Kapitel „Die Technik"). Ein Wasserteil im Terrarium, von dessen Oberfläche ständig etwas Feuchtigkeit verdunstet, trägt ebenfalls zu einem tropischen Regenwaldklima bei. Auch die Proportionen des halbfeuchten- und Regenwaldterrariums werden danach ausgerichtet, ob wir Baumbewohner oder ausschließlich Bodenbewohner pflegen möchten. Zweige, Wurzeln und Rindenstücke sind die typischen Dekorationsstücke. Im Kapitel „Die Bepflanzung" werden verschiedene geeignete Gewächse vorgestellt.

Einrichtung des Feuchtterrariums

Der Bodengrund. Für das Regenwald- und halbfeuchte Terrarium eignet sich ein erdiger Bodengrund. Man sollte sich aber vergewissern, dass die Substrate nicht mit Insektiziden oder Düngestoffen behandelt worden sind. Wechselwarme Tiere reagieren darauf äußerst empfindlich. Vorsicht ist auch bei Rindenmulch angebracht. Er wird manchmal mit Chemikalien begast, um Pilzsporen und Bakterien abzutöten.

Gut eignen sich unbehandelte Blumenerde, Gartenerde, Rindenhumus, Nadelhumus und Torf. Die verschiedenen Böden lassen sich auch miteinander mischen. Torf allein trocknet sehr schnell aus und staubt dann stark. Ein Torf- oder Erde-Sand-Gemisch speichert die Feuchtigkeit viel besser. Statt Torf kann man auch sogenannten Terrarienhumus (Terraristikbedarf) verwenden. Die handlichen leichten Ziegel bestehen aus Kokosfasern, werden in Wasser eingeweicht und quellen auf ein Vielfaches ihres ursprünglichen Volumens auf. Das ist praktisch und umweltfreundlich, weil auf diese Weise die selten gewordenen Torfmoorgebiete geschont werden.

Tritt in der Anfangsphase, also etwa innerhalb der ersten zwei Monate, an vereinzelten Stellen Schimmel auf, muss man ihn sofort beseitigen. Nach kurzer Zeit wird sich von selbst ein Mikroklima entwickeln, das Fäulnisherden und Schimmelbildung entgegenwirkt. Später kann man die Erde teilweise mit Herbstlaub (zum Beispiel Rotbuchen- oder Erlenlaub) abdecken. Das sieht natürlich aus und schafft Verstecke für bodenbewohnende Tiere wie manche Frösche, Kröten und Skinke. Die Blätter sollten zuvor abgekocht und danach noch einmal in klarem Wasser gespült werden.

Kokoschips kann man für größere Tiere als Bodengrund verwenden. Für kleine Tiere sind sie jedoch zu grob. Auch bieten sie Futterinsekten wie Heimchen unerwünschte Tagesverstecke.

Buchenholzspäne, die auch für die Terraristik angeboten werden, und Kleintierstreu sind ungeeignet. Gelangt etwas davon in den Magen eines Tieres, quillt es auf und kann massive Verstopfungen verursachen. Das Material schimmelt leicht, wenn es feucht gehalten wird, weil sich hier kein biologisches Gleichgewicht einstellen kann.

Rück- und Seitenwandgestaltung. Wenn Rück- und Seitenwände eines Vollglasterrariums verkleidet sind, fühlen sich die Tiere auf jeden Fall sicherer. Baumbewohnern stellt man damit zusätzliche Laufflächen zur Verfügung. Verkleidete Rückwände lassen sich bepflanzen und können sehr dekorativ wirken.

Dachdeckerkork (im Baustoffhandel erhältlich) lässt sich gut bearbeiten und begrünen. Es gibt ihn in verschieden starken, gepressten oder verleimten Platten. Wir nehmen nur den gepressten Kork, da der Leim für die Tiere schädlich ist. Ebenso verhält es sich mit Korkfliesen oder -matten (Hobbymärkte), die normalerweise zur Verkleidung in Innenräumen gebraucht werden. Die Platten schneidet man mit einem Teppichmesser oder einem ähnlichem Werkzeug zu. Dann fährt man mit der Silikonpistole an

Das Regenwaldterrarium unterscheidet sich hauptsächlich durch eine höhere Luftfeuchtigkeit vom halbfeuchten Terrarium.

den Rändern der Platte entlang und klebt sie im Terrarium ein. Es dürfen keine Spalten bleiben, in die sich kleine Terrarientiere oder Futterinsekten verkriechen können. Aus Dachdeckerkork kann man weitere Stücke schneiden und Etagen einrichten.

Kokosfasermatten aus dem Terraristikbedarf eignen sich ebenfalls gut für eine Bepflanzung. Sie sind mit einem giftstoff-freien Naturkautschukgemisch verklebt und können leicht mit einer kräftigen Schere auf das gewünschte Maß zugeschnitten und ins Terrarium eingepasst werden.

Mit etwas Mühe kann man aus flachen Rindenstücken Rück- und Seitenwandverkleidungen anfertigen. Mit Kokosfasern, kleingehackten Rindenstücken, trockenem Moos oder auch Aquarienfiltertorf werden die Zwischenräume aufgefüllt, in die man etwas Silikonkautschuk oder wasserfesten Leim gibt und das Material darin eindrückt.

Klettermöglichkeiten, Liegeplätze und Verstecke. Für Baumbewohner eignen sich Zweige und Äste unterschiedlicher Stärke, wobei immer Stücke darunter sein müssen, die mindestens so dick sind wie der Leibesumfang der Tiere. Gezweig kann man ineinander verkeilen und zusätzlich mit etwas Bast aneinander binden, damit es festen Halt hat. Bestehen die Rück- und Seitenwände aus Holzplatten, kann man stärkeres Geäst daran festschrauben. Ein Ast, der am Boden verankert werden soll, kann mit dem Fuß in Kunstharz oder Aquarienmörtel (mit Leimzusatz) eingebettet und eventuell am Behälterboden fixiert werden.

An Glaswänden oder Korkverkleidungen lassen sich dünnere Äste auch mit Silikonkautschuk fixieren. Transparenter Silikonkautschuk ist dabei am unauffälligsten.

Die meisten Baumbewohner ziehen sich im Allgemeinen nicht in Schlafhöhlen zurück. Nähert man sich einem kleinen Baumleguan (*Anolis*) oder einem Taggecko, wird er ruhig sitzen bleiben und sich auf seine Tarnung verlassen. Fühlt er sich entdeckt, läuft er auf die Rückseite des Astes, um sich zu verbergen. Tiere mit Haftlamellen wie Taggeckos sitzen und laufen gern auf glatten Flächen. Dafür sind Bambusrohre gut geeignet.

Kletternde Tiere, die keine Haftlamellen oder Haftscheiben besitzen (ein Laubfrosch kann sich mit Hilfe seiner Haftscheiben an der Unterseite eines Blattes aufhalten), brauchen Äste, Rinden und Wurzelstücke mit rauer Oberfläche, um den Krallen der Echsen oder den Kletterschuppen baumbewohnender Schlangen guten Halt zu geben. Äste von älteren Weiden, Obstbäumen, Akazien, Eichen, Robinien oder alte Rebstöcke lassen sich hierfür gut verwenden. Nadelhölzer harzen noch sehr lange, deshalb nimmt man sie besser nicht. Bevor man sich auf die Suche nach passenden Stücken begibt, sollte man sich beim Forstamt oder Bauern informieren, wo Holz geschlagen wird und ob man etwas davon mitnehmen darf.

Baumwurzeln und gewölbte Rindenstücke bieten Tieren, die in Bodennähe leben, Verstecke und Liegeflächen. Korkröhren (Terraristikbedarf) werden als Liegeplätze und Wohnhöhlen sehr gern angenommen. Baumwurzelstücke aus dem Wald reinigt man am einfachsten mit einer Drahtbürste. Kleinere Stücke werden abgeklopft und abgebraust. Moorkienwurzeln und Korkeiche, beides als Aquaristikbedarf im Zoohandel erhältlich, halten der Feuchtigkeit im Terrarium besonders gut stand.

Auch Holz darf nicht mit Insektiziden behandelt worden sein. Überhaupt müssen wir bei allem, was ins Terrarium gelangt, darauf achten, dass es frei von Giftstoffen ist. Auch auf Lösungsmittel reagieren Terrarientiere empfindlich. Wenn im Terrarienzimmer mit Kunstharzlacken gearbeitet werden soll, muss der Behälter solange in einen anderen Raum gebracht werden. Ist das Terrarium fest im Zimmer installiert, muss man auf ungiftige Produkte wie Acryllacke zurückgreifen, wenn man beispielsweise Fenster und Türen streicht.

Halbierte und mit einem Ausschnitt versehene Kokosnussschalen werden von kleinen bodenbewohnenden Fröschen, Kröten und manchen Vogelspinnen gern genutzt.

Aquaterrarium (T3A)

Tiere, die sich wechselweise an Land und im Wasser aufhalten, werden in einem Aquaterrarium gepflegt. Strumpfbandnattern etwa erbeuten ihre Nahrung hauptsächlich im Wasser, verbringen aber viel Zeit an Land, um sich zu sonnen oder unter Rindenstücken und dergleichen zu ruhen. Amphibien (mit Ausnahme einiger Pfeilgiftfrösche), wie auch Sumpf- und Wasserschildkröten pflegt man ebenfalls in einem Aquaterrarium. Von Ausnahmen abgesehen (einigen Arten aus tropischen Regenwäldern) sollte die Luftfeuchtigkeit 60 bis 70 Prozent langfristig nicht überschreiten. Deshalb ist eine gute Belüftung des Terrariums auch hier wichtig.

Der Wasserteil eines Aquaterrariums muss so geräumig sein, dass die Tiere darin schwimmen und Amphibien auch darin laichen können.

Wasser- und Landteil lassen sich durch eine eingeklebte schräggestellte Glasscheibe voneinander trennen, die man mit Korkeichenstücken noch verkleiden kann. Den Tieren muss auf jeden Fall ein bequemer und zugleich stabiler Ein- und Ausstieg vom Landteil in den Wasserteil und umgekehrt geboten werden. Steile oder

glatte Flächen sind ungeeignet. Spalten und Nischen, in denen die Tiere sich womöglich verkeilen und nicht mehr an die Wasseroberfläche gelangen, darf es nicht geben.

Als **Bodengrund** für den Landteil eignet sich ein Erde-Sand-Gemisch. Wurzeln, Rindenstücke und Äste vervollständigen die Einrichtung des Landteils. Für den Bodengrund des Wasserteils verwendet man am besten Aquariensand oder Kies feiner bis mittlerer Körnung. Bitte keine erdigen Substrate im Wasserteil einsetzen. Erde beeinträchtigt die Wasserqualität und lässt sich nicht reinigen.

Ein Terrarium sollte nicht karg, aber trotzdem übersichtlich eingerichtet werden. Achtet man bei der Einrichtung von Anfang an darauf, dass es keine Spalten oder andere uns unzugängliche Stellen gibt, erleichtert das die regelmäßige Pflege und Kontrolle sehr.

Frösche, Molche und Sumpfschildkröten sitzen gern auf Hölzern (Aquaristikbedarf), die aus dem Wasser herausragen, oder schwimmenden Korkscheiben. Wurzel- und Rindenstücke aus dem Wald gehören nicht ins Wasser. Im Gegensatz zu Moorhölzern faulen sie bald und verderben das Wasser. Will man den Wasserteil mit Steinen dekorieren, so dürfen sie nicht kalkhaltig sein. Kalk hebt mittelbar den pH-Wert im Wasser an, und das kann unter Umständen Hautschädigungen besonders bei Amphibien und Sumpfschildkröten verursachen. Schiefer, Granit, Basalt und Kiesel sind geeignet.

Eine Umwälzpumpe mit Filter sorgt für Strömung und Sauberkeit. Je nach Tierbesatz tauscht man etwa einmal wöchentlich die Hälfte des Wassers gegen frisches, temperiertes Leitungswasser aus.

Die Wassertemperatur sollte generell nicht höher sein als die Lufttemperatur. Wenn die Tiere im warmen Wasser liegen und Luft einatmen, die einige Grade kühler ist, kann es zu Erkältungen und Lungenentzündungen kommen. Besonders Schildkröten und Schlangen sind in dieser Beziehung empfindlich.

Quarantäneterrarium

Das Quarantäneterrarium dient zur separaten Behandlung eines kranken Tieres oder zur Beobachtung eines Neuzuganges.

Der Boden wird mit Haushaltspapier ausgelegt, das sich leicht auswechseln lässt. Tiere, für die es wichtig ist, sich im Boden einzugraben, wie manche Frösche, Kröten oder Skinke, müssen auch im Quarantäneterrarium zumindest eine Stelle vorfinden, an der das möglich ist. Die Einrichtung sollte zweckmäßig sein und aus wenigen, leicht zu reinigenden Gegenständen bestehen: Sonnen-

Ein Quarantäneterrarium muss sparsam eingerichtet werden, damit die Gegenstände sich leicht auswechseln und reinigen lassen.

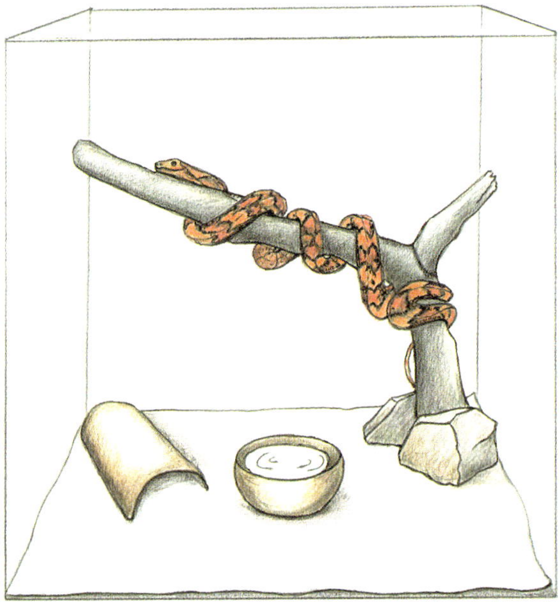

platz, einsehbares Versteck, beispielsweise eine gewölbte Scherbe eines tönernen Blumentopfes. Ein umgestülpter Blumentopf wird gern von Schlangen als Ruheversteck angenommen. Das Wasserabzugsloch des Blumentopfes, das jetzt nach oben zeigt, muss eventuell erweitert (je nach Leibesumfang) und der Rand mit Schleifpapier entschärft werden. Geeignet sind auch längs halbierte Papprollen (lassen sich leicht auswechseln), die auf den Boden gelegt werden oder für Baumbewohner im ganzen höher platziert werden. Baumbewohnern stellt man noch einen Kletterast zur Verfügung. Eine Wasserschale und ein etwas rauerer, fester Gegenstand, an dem Reptilien bei der Häutung die alte Haut abstreifen können, vervollständigen die Einrichtung des Übergangquartieres. Temperatur und Luftfeuchtigkeit müssen der Art entsprechend sein. Näheres dazu im Kapitel „Krankheiten".

Pflege des Terrariums

In einem Terrarium sind Tiere und Pflanzen in jeder Beziehung vollkommen von unserer Pflege abhängig. Zwar lässt sich der

Arbeitsaufwand mit Zeitschaltuhren und diversen anderen technischen Hilfsmitteln etwas verringern, trotzdem muss ein Terrarium regelmäßig versorgt werden. Eine der Voraussetzungen für ihr Wohlbefinden ist schon die Beschränkung auf wenige Tiere in einem möglichst geräumigen, der Art entsprechenden Lebensraum. Für die täglichen Pflegearbeiten, einschließlich der Beobachtung der Tiere, muss durchschnittlich eine Stunde eingeplant werden. Dem Thema „Futter“ ist ein eigenes Kapitel gewidmet.

Trinkwasser- und Futterschalen werden jeden Tag mit klarem Wasser und einer Bürste, die nur für diesen Zweck benutzt wird, gesäubert. Wasserschalen werden dann mit frischem Leitungswasser aufgefüllt.

Viele kleine Echsen decken ihren Flüssigkeitsbedarf nicht aus einem Wassergefäß, sondern lecken Sprühwassertropfen auf.

Zum regelmäßigen **Sprühen** im Terrarium nimmt man Leitungswasser, das einen Tag abstehen konnte. Bewährt haben sich Drucksprühflaschen, wie man sie im Blumenhandel kaufen kann. In **Trockenterrarien** kann man abends kurz vor oder nach dem Ausschalten der Heizung und Beleuchtung sprühen, so dass die Luftfeuchtigkeit in der Nacht ansteigt. Morgens, nach dem Einschalten der Heizung und Beleuchtung soll die Luftfeuchtigkeit durch die ansteigende Wärme spätestens nach ein paar Stunden durch die Lüftungsflächen abgezogen sein.

Im **Feuchtterrarium** wird morgens und abends gesprüht und der Boden insgesamt leicht feucht gehalten. Auch die tägliche Kontrolle der Temperaturen sollte zur Routine werden. Dazu mehr im Kapitel „Die Technik“.

Eine vollständige **Reinigung** des Terrariums, bei der auch der gesamte Bodengrund ausgetauscht wird, nimmt man eher selten vor, weil die Tiere durch eine solche Aktion stark beunruhigt werden. Eingewöhnte Tiere stört es nicht so sehr, wenn man ab und zu vorsichtig einen Einrichtungsgegenstand aus dem Terrarium nimmt, um ihn zu säubern. Ein Behälter, der nicht überbesetzt ist, verschmutzt auch nicht so schnell.

Futterreste werden jeden Tag entfernt, Kot mit einer kleinen Schaufel oder einem Löffel ausgeräumt und etwas frisches Substrat aufgefüllt. Manche Tiere, bodenbewohnende Geckos etwa,

Krankheitsübertragungen von wechselwarmen Tiere auf den Menschen sind zwar so selten, dass man sie beinahe ausschließen kann, aus hygienischen Gründen sollte das Händewaschen nach dem Hantieren im Terrarium aber selbstverständlich sein. Wer mehrere Terrarien pflegt, sollte sie nacheinander versorgen und sich jedes Mal dazwischen die Hände waschen. Futtertiere sollten nicht von einem Behälter in den anderen gesetzt werden, um die Übertragung von Krankheitserregern oder Parasiten zu vermeiden.

haben die angenehme Eigenschaft, immer eine bestimmte Ecke des Terrariums als Toilette zu benutzen, was die regelmäßige Reinigung sehr vereinfacht.

Verunreinigungen an den Glasscheiben entfernt man mit einem Haushaltsschwamm und klarem Wasser. Schwämme sollten vor dem ersten Gebrauch gut ausgespült werden. Für sämtliche Reinigungsarbeiten gilt, dass nur Wasser ohne Reinigungsmittel verwendet werden darf. Man kann dem Wasser etwas Essig beigeben, allerdings nicht beim Reinigen über einem Wasserteil. Hartnäckige Kalkflecken, die durch das Besprühen des Terrariums im Laufe der Zeit zwangsläufig entstehen, lassen sich mit Essigwasser etwas anlösen und anschließend mit einem Klingenschaber (Haushaltswarengeschäft oder Heimwerkerbedarf) entfernen. Alle Gerätschaften, auch der Eimer sollten ausschließlich für das Terrarium benutzt werden, damit eventuelle Putzmittelrückstände den Tieren nicht schaden können.

Technik und Bepflanzung

Um Echsen, Amphibien und den Pflanzen Bedingungen bieten zu können, die denen ihrer Herkunftsgebiete entsprechen, müssen wir technische Hilfsmittel einsetzen. Dazu gehören in erster Linie Heizung, Beleuchtung und bei der Pflege von tagaktiven Reptilien UV-Bestrahlung. In diesem Kapitel werden die wichtigsten Geräte und ihre Verwendung vorgestellt.

Beleuchtung und Heizung

Für die meisten Tiere kann man als Richtwert eine zwölfstündige Brenndauer der Lampen annehmen. Selbst Arten, deren Verbreitungsgebiet weiter vom Äquator entfernt ist und die darum jahreszeitlich wechselnde Tageslängen erleben, kommen meist damit gut zurecht. Lediglich vor und nach der Winterruhe empfiehlt sich eine Anpassung an die heimischen Werte.

Leuchtstoffröhren

Leuchtstoffröhren verbrauchen im Verhältnis zur Lichtleistung wenig Strom und sind auch in der Anschaffung nicht teuer. Empfehlenswert sind die Fabrikate mit tageslichtähnlichem Farbspektrum wie „Lumilux de Luxe, Daylight, Lichtfarbe 11" von Osram oder „Reptistar" von Sylvania, die sogar einen geringen UV-Anteil abstrahlen. Nach zwei Jahren hat ihre Leistung allerdings so weit nachgelassen, dass man sie auswechseln muss. Normale Leuchtstoffröhren für den Hausgebrauch haben ungünstige Lichtfarben und müssen wegen des erheblich schnelleren Lichtverlustes nach spätestens einem Jahr ersetzt werden.

Leuchtstoffröhren dienen ausschließlich dazu, das Tageslicht zu imitieren. Um sonnenbeschienene Plätze einzurichten, muss man zusätzlich Strahler einsetzen.

Leuchtstoffröhren sollten möglichst über die gesamte Länge des Terrariums reichen. Die Wattstärken sind bei diesen Leuchtmitteln längengebunden genormt. Für ein bepflanztes Regenwaldterrarium von einem Meter Höhe sind – je nach Art der Bepflanzung – zwei oder drei Röhren ausreichend. Die Beleuchtung eines Wüsten- oder Steppenterrariums von 120 x 50 x 60 Zentimetern für tagaktive Tiere sollte aus mindestens zwei Röhren bestehen. Für dämmerungs- und nachtaktive Tiere reicht im allgemeinen eine Röhre aus.

Um solche Arten während ihrer Aktivitätszeit beobachten zu können, kann man abends eine schwache rote oder, was natürlicher aussieht, blaue Lampe noch ein paar Stunden brennen lassen. Gefärbte Glühbirnen bekommt man im Elektrowarenhandel. Sie sollten aber nur zu dem beschriebenen Zweck eingesetzt werden. Für die Seewasseraquaristik gibt es im Zoofachhandel

Terrarienabdeckung aus Tischlerplatte. Zwei Leuchtstoffröhren und zwei Strahler unterschiedlicher Wattstärke sorgen für Licht und Wärme im Terrarium.

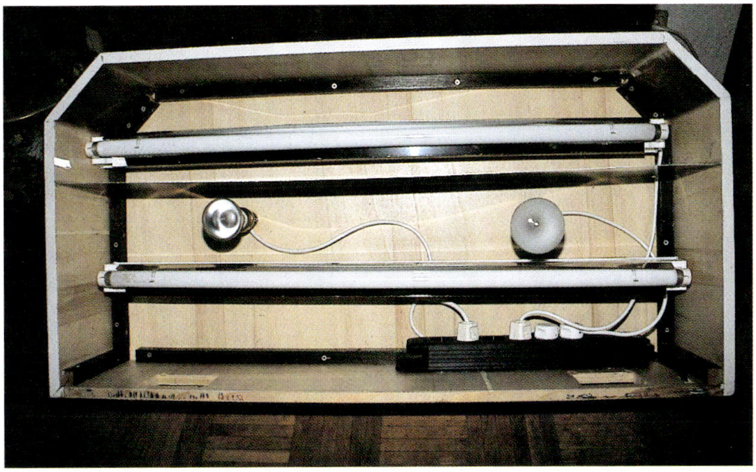

Leuchtstoffröhren, die ein schwaches blaues Licht abgeben, das an Mondlicht erinnert.

HQI und HQL (Halogenmetalldampflampen und Quecksilberdampflampen).
HQI-Lampen (Halogenmetalldampflampen) weisen ein günstiges Farbspektrum auf, enthalten UV-Anteile und geben Wärme ab. Sie sind also auch geeignet, um Sonnenplätze zu schaffen.

Erhältlich ab einer Leistung von 70 Watt, eignen sie sich hervorragend für Wüsten- und Steppenterrarien sowie bepflanzte Feuchtterrarien. Für mittelgroße bis große Terrarien sind sie für sich allein oder in Verbindung mit Leuchtstoffröhren die technisch beste Lösung, in der Anschaffung und im Stromverbrauch aber recht teuer. Ein bepflanztes Feuchtterrarium – etwa für *Anolis* oder Phelsumen – von einem Meter Höhe wäre mit einer 70 Watt starken HQI-Lampe und zwei Leuchtstoffröhren so gut ausgestattet, dass auch Pflanzen, die viel Licht brauchen, hier gedeihen. Ein Steppen- oder Wüstenterrarium von 120 (oder 150) x 70 x 80 Zentimetern könnte mit einer 70 Watt starken HQI-Lampe, zwei Leuchtstoffröhren und einer zusätzlichen Pflanzen-(siehe unten) oder Halogenlampe von etwa 75 Watt ausgeleuchtet und beheizt werden.

Die Lichtfarbe von HQI-Lampen kommt dem Sonnenlicht am nächsten und ist für Terrarientiere und Pflanzen geradezu ideal.

HQL-Lampen (Quecksilbermetalldampflampen) müssen wie HQI-Lampen über ein Vorschaltgerät betrieben werden. Es gibt sie in Stärken von 80 Watt aufwärts. Sie sind UV-haltig und geben Wärme ab. Ihre Lichtleistung ist allerdings nicht so stark wie die der HQI-Leuchten, und sie haben ein ungünstigeres, gelblicheres Farbspektrum.

Pflanzenlampen

Pflanzenlampen werden als Zusatzlicht für Zimmerpflanzen in der Wohnung oder im Wintergarten eingesetzt. Im Terrarium kann man sie verwenden, um Sonnenplätze einzurichten, weil sie viel Wärme erzeugen und geringe UV-Anteile enthalten. Es gibt sie in Leistungsstärken von 60 bis 150 Watt im Elektrohandel. Die Birnen lassen sich in normale Metall- oder Porzellanfassungen hineinschrauben. Ihre Lichtleistung ist allerdings viel schwächer als die von HQI- oder HQL-Lampen. Zusammen mit Leuchtstoffröhren sind sie brauchbar, müssen aber einmal im Jahr ausgetauscht werden. Weil ihre Leistung nun so schwach ist, dass sie für den Einsatz im Terrarium nicht mehr geeignet sind.

Halogenstrahler

Mit Halogenspots lassen sich mehrere kleine Sonnenplätze einrichten. Im Elektrohandel gibt es auch Halogenbirnen mit einem Gewinde für normale Fassungen, die ohne externes Vorschaltgerät funktionieren. Eine 75-Watt-Lampe wird allerdings schon recht heiß und muss mindestens 40 Zentimeter vom Tier entfernt sein. Für kleinere Terrarien kommen Halogenspots mit niedrigeren Wattstärken in Frage, die über ein Vorschaltgerät betrieben werden.

Vorsicht!

Immer erst einen Tag die Temperatur unter den Strahlern und über den Bodenheizungen messen, bevor Tiere damit Bekanntschaft machen können! Es kann schnell zu heiß werden, wenn ein Strahler zu dicht über einem Liegeplatz hängt oder die Leistung eines Heizkabels zu stark ist. Die Tiere merken das nicht immer sofort, besonders wenn sie morgens kühl aus ihren Verstecken kommen, um sich aufzuwärmen. Verbrennungen können die Folge sein. Richtwerte liefern die Angaben zur Temperatur in den Artenportraits.

Heizkabel und Heizmatten

Heizkabel und Heizmatten erzeugen Bodenwärme und werden deshalb oft in Terrarien eingesetzt, in denen bodenbewohnende Tiere leben, die nicht klettern um einen Sonnenplatz zu erreichen. Es gibt sie in verschiedenen Längen, beziehungsweise Größen mit entsprechenden Wattstärken im Zoofachhandel.

Das Kabel oder die Matte wird unter einer dicken Erd- oder Sandschicht verlegt. Das Kabel kann man mit Silikon punktuell fixieren, damit es an Ort und Stelle bleibt, sich nicht berührt und zu heiß wird. Pflegt man grabende Tiere, ist die Installation der Heizung unter dem Terrarium sinnvoller und vor allem sicherer. Das Terrarium wird in diesem Fall nicht direkt auf den Unterbau gesetzt sondern beispielsweise auf ein Leistenviereck gestellt. In dem so entstandenen Hohlraum zwischen Terrarienboden und Unterbau wird die Heizung verlegt. Als Unterlage für die Bodenheizung kann man Aluminiumblech nehmen oder eine Holzplatte, die mit mehereren Lagen fester Alufolie beklebt wird, um gegen Wärmeverlust (nach unten) zu isolieren. Auf jeden Fall muss alles sorgfältig und sicher installiert werden. Für ein Terrarium mit einer Grundfläche von etwa 100 x 50 Zentimetern, in dem eine milde Bodenwärme erzeugt werden soll, reicht ein Kabelheizer mit einer Leistung von 50 Watt aus. Im Trockenterrarium dieser Größenordnung, wo der Boden stellenweise hohe Temperaturen haben soll, ist ein 75-Watt-Kabel angebracht. Die Bodenfläche wird immer höchstens zur Hälfte beheizt, damit die Tieren auch auf kühlere Plätze ausweichen können.

Thermometer

Bevor wir Pflanzen und später Tiere einsetzen, messen wir die Temperaturen an mehreren Stellen und zwar morgens vor dem Einschalten der Beleuchtung bis zum Abend, so dass wir Tiefst-, Mittel- und Höchstwerte in den verschiedenen Bereichen unseres Terrariums kennen und gegebenenfalls noch etwas verändern können, um die korrekten Werte zu erreichen.

Mit einem oder mehreren Thermometern, die im Terrarium auf Dauer ihren festen Platz haben, kann man jederzeit die Temperaturen kontrollieren. Besonders wichtig ist diese Kontrolle bei starken Schwankungen der Außentemperatur, die natürlich das Klima im Haus und damit auch im Terrarium beeinflussen. Gegebenenfalls müssen einzelne Wärmequellen wie Heizkabel oder Strahler zu- oder abgeschaltet werden.

Einfache Thermometer, wie sie für den Aquaristikbedarf erhältlich sind, erfüllen auch im Terrarium ihren Zweck. Elektronische Thermometer sind zwar genauer, aber auch wesentlich teurer. Flüssigkristallanzeigen zum Aufkleben zeigen meist nur grob den Richtwert an, messen wohl auch oft die Außentemperatur mit, so dass sie für unsere Zwecke eher nicht in Betracht kommen.

UV-Bestrahlung

Tagaktive Terrarientiere sollten regelmäßig mit einer speziellen UV-Lampe bestrahlt werden (Siehe auch Abschnitt: UV-Bestrahlung, im Kapitel „Die Terrarientiere"). Gut bewährt hat sich seit langem die Ultra-Vita-Lux-Lampe (300 Watt) von Osram, zu bestellen im Elektrohandel. Eigentlich wurde sie als Höhensonne beziehungsweise Gesichtsbräuner für Menschen entwickelt. Das UV-Licht kann dem menschlichen Auge schaden, deshalb sollte man vermeiden, während der Bestrahlung in das Licht zu sehen. Da die Birnen sehr heiß werden, dürfen sie auf keinen Fall in Kunststofffassungen sondern nur in Porzellan- oder Metallfassungen betrieben werden. Nach dem Ausschalten muss man, wie bei HQI- und HQL-Lampen übrigens auch, eine Weile warten bevor wieder eingeschaltet werden kann.

Temperaturregler

Temperaturregler können an Bodenheizungen angeschlossen werden, um eine bestimmte Temperatur einzustellen. Ein mit dem Thermostaten verbundener Messfühler wird im Terrarium direkt über der Heizquelle befestigt. Es gibt Geräte mit Bimetallreglern und zuverlässigere, aber auch kostspieligere elektronisch gesteuerte Regler, außerdem noch sogenannte Thermo-Timer. Das sind digitale Temperaturregler mit integrierter Zeitschaltuhr.

Zeitschaltuhren

Für wenig Geld gibt es im Elektrohandel oder in Kaufhäusern mechanische Zeitschaltuhren, elektronisch gesteuerte sind etwas teurer. Der Betrieb von Beleuchtung und Heizung über eine solche Zeitschaltuhr gewährleistet einen gleichbleibenden Tag- und Nachtrhythmus. In einem Terrarium mit mehreren Lampen ist es sinnvoll, zwei Zeitschaltuhren anzuschließen, um einen Teil der Beleuchtung abends noch ein oder zwei Stunden in Betrieb zu lassen. Für die Tiere ist es angenehmer, wenn das Licht morgens und abends allmählich zu- und abnimmt.

Luftfeuchtigkeit und Belüftung

Dass die richtige Luftfeuchtigkeit für das Wohlbefinden der Tiere ausgesprochen wichtig ist, wurde schon mehrfach angesprochen.

Ob man aber mit einer einfachen Sprühflasche arbeitet oder eine Vernebelungsanlage installiert, ist dabei nicht von Bedeutung. Entscheidend ist es, ein Gefühl für die richtige Wassermenge, die versprüht wird, zu bekommen.

Sprühflaschen

Zum Besprühen kleiner bis mittelgroßer Terrarien reichen Drucksprühflaschen mit einem Liter Fassungsvermögen aus, wie man sie auch für Zimmerpflanzen nimmt, aus. Bei größeren , vor allem mehreren Terrarien lohnt sich die Anschaffung einer Fünf-Liter-Flasche.

Vernebelungsgeräte

Ultraschallvernebler werden für mittelgroße bis große Regenwaldterrarien eingesetzt. Eine Pumpe befördert das Wasser aus dem Vorratsbehälter zu einem feinen Zerstäuber, der im Terrarium fest installiert ist. Das Gerät wird über eine elektronische Zeitschaltuhr gesteuert und kann so beliebig häufig und lange in

Betrieb gesetzt werden. Solche Apparaturen werden von verschiedenen Herstellern und mit unterschiedlich großen Wasservorratsbehältern angeboten.

Hygrometer

Ein Hygrometer misst die Luftfeuchtigkeit. Praktisch sind elektronische Thermo-Hygrometer (Terraristikbedarf), die sowohl die Temperatur als auch die Luftfeuchtigkeit anzeigen und sich wegen ihrer geringen Größe unauffällig im Terrarium unterbringen lassen. Hygrometer sollten nicht direkt angesprüht werden, weil sie sonst nicht die Luftfeuchtigkeit, sondern die anhaftende Nässe messen.

Beregnungsanlagen kann man fertig kaufen oder selbst basteln. Man benötigt dazu einen Wasservorratsbehälter, eine Förderpumpe (Aquaristikbedarf), Aquarienschlauch und ein oder mehrere Brauseköpfe mit sehr feinen Löchern.

Die Lüftungsflächen am Terrarium sorgen in den meisten Fällen für genügend Luftaustausch. Manchmal ist eine zusätzliche Luftbewegung zur Kühlung oder schnelleren Trocknung nötig. Dazu kann man einen kleinen Ventilator über eine Zeitschaltuhr betreiben. Langlebig und preiswert sind Ventilatoren mit Netzteil, wie sie zur Kühlung von Computern eingesetzt werden. Zugluft muss aber unbedingt vermieden werden. Deshalb sollten solche Kühlungen auch nur in größeren Behältern Verwendung finden, wo die Tiere der Zugluft nicht zwangsläufig ausgesetzt sind.

Filterung und Heizung im Aquaterrarium

Im Zoofachhandel gibt es Filtersysteme für die Aquaristik in verschiedenen Größen. Für eine geringe Wassermenge, die nur von wenigen kleinen Tieren beansprucht wird, reicht ein Innenfilter, eine kleine Tauchkreiselpumpe mit einem Filterschwamm. Für größere Aquaterrarien mit Strumpfbandnattern oder Wasserschildkröten sind Außenfilter (werden neben dem Aquarium aufgestellt und durch Schläuche mit dem Wasserteil verbunden) vonnöten, die über ein größeres Filtervolumen verfügen. Es gibt sie auch mit eingebauter Heizung.

Aquarienstabheizer sind nur für den Betrieb im Wasser geeignet. Sie müssen dort so eingebaut werden, dass sie für die Terrarientiere nicht erreichbar sind. Größere und kräftige Tiere könnten sie aus der Verankerung lösen. Wenn ein Heizstab zerbricht, kann das einen für Menschen und Tiere lebensgefährlichen Stromfluss zur Folge haben. Kleine Tiere können sich verbrennen, wenn sie sich zwischen Heizung und Halterung klemmen.

Regelheizer für die Aquaristik kann man im Aquaterrarium gefahrlos betreiben, wenn sie in einer eigenen wasserdurchlässi-

Goldstaubtaggecko auf einem Bambusrohr.

gen Kammer untergebracht sind. Bei manchen Innenfiltern ist ein Fach für den Heizer vorhanden. Teurer, aber eben wesentlich sicherer sind unzerbrechliche Heizstäbe aus Titan. Gut verwendbar sind auch Heizmatten oder -kabel, die unter dem Wasserbecken verlegt und an einen Temperaturregler angeschlossen werden.

Pflanzen

Pflanzen sind nicht nur für den Betrachter attraktiv, sie bieten den Tieren auch Kletter-, Ruhe-, Versteckplätze und Tarnmöglichkeiten. Außerdem verbessert eine ausgewogene Bepflanzung das Mikroklima. Es ist sinnvoll, sich auf wenige kleinbleibende Pflanzen zu beschränken, damit auch auf einen längeren Zeitraum allen Gewächsen genug Platz und Licht zur Verfügung stehen.

Es gibt verschiedene flüssige, organische Düngemittel im Handel (zum Beispiel Algendünger), die man anwenden kann, um die Pflanzen mit Nährstoffen zu versorgen. Auf chemische Dünger sollte man verzichten, da sie für die Tiere schädlich sein können, wenn sie damit in Kontakt kommen. Sukkulenten benötigen einen nährstoffarmen Boden. Sie werden auch nicht gedüngt. Es genügt, einmal jährlich den Boden auszutauschen. In Blumengeschäften werden manchmal Blattglanzsprays und Insektizide verwendet. Deshalb sollte man die Pflanzen mehrmals abbrausen und in neues Substrat setzen, bevor sie ihren Platz im Terrarium bekommen.

Zuviel Licht kann es in einem Terrarium, das künstlich beleuchtet wird, eigentlich überhaupt nicht geben. Selbst nicht besonders lichthungrige Gewächse brauchen für ihr Wachstum Helligkeit. Je höher ein Terrarium ist, desto mehr Leuchtstoffröhren und Strahler müssen eingesetzt werden, um auch die bodennahen Bereiche zumindest soweit auszuleuchten, dass dort Pflanzen gedeihen können, die mit etwas weniger Licht auskommen.

Wer große oder pflanzenfressende Tiere pflegen will, wird allerdings auf eine Bepflanzung verzichten müssen, es sei denn, das Terrarium ist so geräumig, dass die Pflanzen für die Tiere unerreichbar eingegliedert werden können. Feinfiedrige empfindliche Gewächse halten sich nur, wenn sie mit kleinen Tieren wie Baumsteigerfröschen (Dendrobatiden), kleinen Taggeckos (Phelsumen) oder kleinen Baumleguanen (*Anolis*) vergesellschaftet werden. Wer etwas größere Tiere pflegen möchte, z.B. den großen madagassischen Taggecko (*Phelsuma madagascarensis grandis*), sucht besser robuste Pflanzen wie *Philodendron*, *Monstera*-Arten oder Sansevierien aus, deren Blätter von manchen Baumbewohnern auch gerne als Liegeplatz genutzt werden.

Junge Nackenstachler kann man bis zur Geschlechtsreife zusammen aufziehen.

Ein bepflanztes Wüsten- oder Steppenterrarium muss intensiv ausgeleuchtet werden, damit die Gewächse der Wüsten und Halbwüsten gedeihen können. Erhalten Sukkulenten zu wenig Licht oder weist die Beleuchtung nicht das richtige Farbspektrum auf, – am besten sind Röhren und Lampen mit tageslichtähnlichem Spektrum – vergeilen die Pflanzen: sie bleichen aus, schießen und sterben schließlich.

Pflanzen für das Trockenterrarium

Für Wüsten- und Steppenterrarien kommen eine ganze Reihe Sukkulenten mit weicher oder keiner Bedornung in Frage. Hartstachelige Kakteen sollte man nur in sehr große Anlagen einsetzen, wo die Tiere nicht ständig mit ihnen in Berührung kommen müssen.

Kakteenerde, der auch Lehm, Lavalit oder fein gebrochene Tonscherben beigemengt werden können, eignet sich als Pflanzgrund. In die Substratoberfläche kann man Gesteinsbruchstücke oder Kiesel drücken, damit die Tiere die Wurzeln nicht freigraben können. Tonschalen lassen sich in den Terrariengrund einsenken. In selbstgefertigte Felsimitationen arbeitet man Mulden hinein, die mehrfach mit wasserfestem Holzleim oder Acryllack versiegelt werden und später bepflanzt werden können. In Steinaufbauten und Felsrückwänden sieht man Aussparungen vor, in die die Töpfe hineingesetzt werden.

Dieses Bäumchen (*Pachypodium horombense*) speichert Wasser im Stamm. Die Pflanze kommt in Trockengebieten vor und wächst langsam.

Von den zahlreichen *Aloen* sind die kleinwüchsigen zu empfehlen, wie *Aloe variegata*. Es gibt viele schöne, kleine **Haworthien** (*Haworthia*), die sich im Terrarium pflegen lassen, zum Beispiel *Haworthia cymbiformis, H.fasciata, H.glabrata*. Die **Leuchterblume** (*Ceropegia woodii*) hat kleine, fleischige herzförmige Blätter. Sie wächst kriechend zwischen Steinen am Boden oder auch hängend über Felsen. Die runden Knöllchen in den Blattachseln bilden bei Kontakt mit dem Boden Wurzeln aus. **Echeverien** (*Echeveria*) bilden oft hübsche Rosetten. Arten mit bereiften Blättern (ein natürlicher weißer, mehliger Belag) dürfen nicht angesprüht werden. **Sansevierien** (*Sansevieria*) gedeihen an sonnigen und halbschattigen Standorten. Für das kleine bis mittelgroße Terrarium sind

Sukkulenten aus Trockengebieten brauchen eine Winterruhe bei herabgesetzten Temperaturen, die man am besten zugleich mit der der Tiere einrichtet. Während der Winterruhe sollten ein oder zwei Leuchtstoffröhren für einige Stunden am Tag in Betrieb sein.

Ein Lidgecko (*Coleonyx variegatus*) auf einer Haworthie (*Haworthia c. cimbiformis*)

Arten mit Blättern von sieben bis 13 Zentimeter Länge geeignet. Haben sie sich einmal etabliert, verbreiten Sansevierien sich durch Kindelbildung (Jungpflanzen an der Basis der Mutterpflanze, die später abgetrennt werden können).

Gasterien (*Gasteria*) sind recht robust und kommen mit etwas weniger Licht aus als die meisten anderen Sukkulenten.

Die große Familie der **Bromeliengewächse** (*Bromeliaceae*) mit über 1500 Arten ist sowohl in Feucht- als auch in Trockengebieten vertreten. Manche Arten wachsen am Boden (terrestrisch), andere auf Bäumen (epiphytisch). **Wolfsmilchgewächse** (*Euphorbiaceae*) sollten nicht mit Tieren zusammen gepflegt werden. Ihr Milchsaft ist giftig!

Pflanzen für das Feuchtterrarium

Im Feuchtterrarium für baumbewohnende Terrarientiere sehen Aufsitzerpflanzen (Epiphyten), zu denen viele Farne, Bromelien und Orchideen gehören, sehr hübsch aus. Sie lassen sich mit Bast oder Blumendraht auf Äste und Rindenstücke aufbinden oder in Orchideenpflanzkörbchen im Geäst aufhängen. Wer Anregungen sucht, für den kann auch ein Besuch der Gewächshäuser eines botanischen Gartens lohnenswert sein.

Epiphytenpflanzstoffe werden aus gehacktem Torfmoos (*Sphagnum*), Farnwurzeln oder grobem Fasertorf hergestellt.

Direkte Strahlungshitze bekommt Regenwaldpflanzen nicht. Lampen, die viel Wärme erzeugen, müssen deshalb mit genügend Abstand angebracht werden, so dass den Pflanzen nach oben genügend Raum für ihr Wachstum bleibt, ohne dass die Blätter verbrennen können.

Zwergorchidee, zusammen mit Moos auf eine Korkscheibe aufgebunden.

Neuerdings kommen auch verschiedenen Kokosfaserprodukte als Pflanzsubstrate in den Handel, die jedoch regelmäßig gedüngt werden müssen, da sie keine Nährstoffe enthalten.

Der Boden im Feuchtterrarium muss luftig, wasserdurchlässig, warm und leicht sauer sein. Dafür ist eine gute Blumeneinheitserde geeignet. Zweckmäßigerweise legt man darunter eine Schicht groben Kies oder Tonscherben als Drainage. Zwischen die Schichten kommt eine dünne Schaumstoffmatte oder ein Vlies, damit sich die Substrate nicht vermischen.

Damit keine Fäulnisherde entstehen, ist es wichtig, dass das Sprühwasser gut abziehen kann und sich nicht im Herz der Pflanze sammelt. Eine Ausnahme bilden Trichterbromelien, deren Trichter mit Wasser gefüllt sein müssen. Baumsteigerfrösche nutzen diese höher gelegenen, kleinen Wasseransammlungen zum Baden und als Laichplatz. Die Wasserqualität muss man regelmäßig kontrollieren, denn durch Kot verunreinigtes Wasser lässt die Pflanze faulen.

Bromelien leben meist epiphytisch. Viele bilden als Mutterpflanze nach einmaliger Blüte Kindel aus und sterben dann selbst langsam ab. Eine reiche Auswahl von Bromelien, die sich so gut wie alle im feuchtwarmen Terrarium halten lassen, kann man im Blumenhandel bekommen. Ein für das feuchtwarme Terrarium empfehlenswerter Bodenbewohner ist der **Erdstern** (*Cryptanthus*).

Tillandsien (*Tillandsia*) haben keine Wurzeln und fangen – wie viele andere Aufsitzerpflanzen – mit ihren feinen Härchen Nährstoffe auf, die in Regen- und Tautropfen enthalten sind. Sie werden vorsichtig ohne Substrat im Geäst verankert. Eine sehr dekorative Tillandsie, die einfach über einen Ast gehängt wird und in ihrem Aussehen an eine Flechte erinnert, ist der **Greisenbart**. Tillandsien sind sehr empfindlich gegenüber Fäulnis, die durch Druckstellen oder Staunässe entstehen kann. Auf keinen Fall darf

Unten links: *Abromeitiella scapigera* ist ein terrestrisches Bromeliengewächs. Es eignet sich für die Pflege im Trockenterrarium.

Unten rechts: *Guzmania sanguinea* ist eine besonders farbenprächtige Trichterbromelie.

Tillandsie

man sie einpflanzen oder in Höhlungen stecken, in denen das Sprühwasser nicht ablaufen kann. Wenn es sein muss, werden sie vorsichtig aufgebunden. Alle in Blumengeschäften erhältlichen Tillandsien und Bromelien müssen aus Zuchten stammen. Für den Verkauf dürfen sie dem Regenwald schon längst nicht mehr entnommen werden.

Farne sollten hell, aber nie nah unter einem Strahler stehen, denn die meisten sind empfindlich gegen Austrocknung. Sie sollten aber einen luftigen Standort bekommen, sonst besteht im Terrarium leicht die Gefahr der Fäulnisbildung. Man kann sie in lockerem Substrat mit oder ohne Topf in Korkröhren setzen oder dazu mit Schnitzmesser oder Meißel Aushöhlungen in Äste hineinarbeiten. Es folgt eine kleine Auswahl von Farnen, die in feuchtwarmer Umgebung gedeihen: Der **Büchsenfarn** (*Davallia*) braucht hohe Luftfeuchtigkeit. Die behaarten Rhizome dürfen nicht mit eingepflanzt werden und müssen stets feucht sein. Dieser Farn sollte nicht in den Terrarienboden gepflanzt werden. **Tüpfelfarne** (*Phlebodium aureum*) und **Saumfarne** (*Pteris*) sind auch für kleinere Terrarien geeignet und recht robust, brauchen aber auch einen hellen Standort, weil sie sonst rasch vergeilen. Der **Geweihfarn** (*Platycerium*) wird sehr ausladend und ist nur in größeren Behältern auf Dauer haltbar. Außer in seiner ursprünglichen Größe wird der **Nestfarn** (*Asplenium nidus*) in manchen Blumengeschäften als Minipflanze angeboten. So eignet er sich auch hervorragend für kleine Feuchtterrarien. Der **Frauenhaarfarn** (*Adiantum*) reagiert sehr empfindlich auf Staunässe, Trockenheit im Substrat und ktes Ansprühen. Er sollte nur gepflegt werden, wenn wenige kleine Tiere das Terrarium bewohnen, da die Pflanze recht zerbrechlich ist.

> Frisches und besonders hartes Leitungswasser eignet sich zum alltäglichen Besprühen nicht so gut. Ein Liter trockener Torf in einem Netzbeutel für etwa zwölf Stunden in zehn Liter Wasser gehängt, enthärtet das Leitungswasser. Destilliertes Wasser (Batteriewasser) sollte nicht verwendet werden, da es vollentsalzt ist. Für Tiere, die ihren Flüssigkeitsbedarf über das Sprühwasser decken, sind die im Wasser enthaltenen Salze jedoch lebensnotwendig.

Frauenhaarfarn

Marante

Begonie

Kletterfeige

Kletter- und Hängepflanzen, Bodendecker

Das **Zebrakraut** (*Zebrina*) und die **Tradeskantie** (*Tradescantia*) sind robust und wuchern geradezu, wenn sie sich einmal etabliert haben. Sie müssen dann regelmäßig zurückgeschnitten werden.

Von den zahlreichen Arten des raschwüchsigen, robusten **Baumfreundes** (*Philodendron*) ist *Philodendron scandens* eine Schlingpflanze mit vergleichsweise kleinen Blättern.Die **Marante** (*Maranta*) mit ihren hübsch gezeichneten Blättern kommt als Bodendecker für mittelgroße bis große Terrarien in Frage.Die **Wachsblume** (*Hoya bella*) kann man im Terrarium an einem hellen Platz ins Geäst hängen. Der kleinblättrige *Ficus pumila*, auch **Kletterfeige** genannt, eignet sich geradezu ideal, um Rück- und Seitenwänden auch kleinerer Terrarien zu begrünen. Sind die Flächen rau genug, wird er sie mit Hilfe seiner Haftwurzeln überziehen. Die Pflanze gedeiht auch an halbschattigen Standorten.

In mittelgroßen bis großen Terrarien lassen sich Rück- und Seitenwände mit der raschwüchsigen **Efeututе** (*Epipremnum pinnatum*) begrünen. Rankende Pflanzen kann man in die gewünschte Richtung lenken, in dem man Kunstoffnadeln schräg in Kork oder ein ähnliches Material steckt und die Stängel darüber legt. Kräftige Stängel lassen sich mit kunststoffummantelten Krampen fixieren. Fast jeder kennt wohl die **Graslilie** (*Chlorophytum comosum*) als anspruchslose Zimmerpflanze. Sie wächst und blüht aber auch im feuchtwarmen Terrarium. **Schiefblatt** (*Begonia*) Eine Vielzahl von Blatt- und Strauchbegonien sind zur Pflege im feuchtwarmen Terrarium geeignet. Blattbegonien sollten nicht direkt besprüht werden, da sie sonst zu Fäulnisbildung neigen.

Für größere Behälter kommt die **Korbmarante** (*Calathea*) mit ihren prächtigen Blättern in Betracht. Durch häufiges Zurückschneiden der **Birkenfeige** (*Ficus benjamini*) erreicht man einen strauchartigen gedrungenen Wuchs mit dichter Belaubung, in der sich kleine Baumbewohner gern aufhalten.Das **Fensterblatt** (*Monstera deliciosa*) wird sehr ausladend und ist für halbschattige und schattige Standorte in größeren Terrarien geeignet. **Usambaraveilchen** (*Saintpaulia-ionantha*-Hybriden) wachsen und blühen im feuchtwarmen Terrarium an halbschattigen Standorten. Sie vertragen keine Staunässe und sollten nicht direkt angesprüht werden. Usambaraveilchen gibt es auch als Minipflanzen im Handel.

Pflanzen für das Aquaterrarium

In einem Aquaterrarium, in dem kleine Frösche, Kröten oder Molche gehalten werden, die die Bepflanzung durch ihr Gewicht nicht zerdrücken, lassen sich sehr hübsche Übergänge zwischen Wasser und Land anlegen. Einige Pflanzen wie der **Sumatrafarn** (*Ceratopteris thalictroides*) wachsen auch aus dem Wasser in die Sumpfzone hinein. Das **Speerblatt** (*Anubias*), wächst am Gewässerrand, aber auch untergetaucht. **Teichlebermoos** (*Riccia fluitans*) überzieht aus dem Wasser ragendes Holz. **Javamoos** (*Vesicularia dubyana*) kann man im Wasser frei schwimmen lassen oder wie den **Javafarn** (*Microsorum pteropus*) auf Hölzer oder Steine aufbinden. Wenn der Farn einmal festgewachsen ist, verbreitet er sich stetig und ist eine gut haltbare, robuste Pflanze.

Junge Pflanzen etablieren sich schneller im Terrarium, während ältere Gewächse oft mit Blattverlust auf den Umgebungswechsel reagieren.

Hornkraut (*Ceratophyllum demersum*) und **Wasserpest** (*Egeria densa*) wachsen freischwimmend oder eingepflanzt und bilden bald ein krautiges Dickicht, das sich als Aufenthaltsort und Versteck für Amphibien bewährt. Die robusten Pflanzen eignen sich gut für eine Erstausstattung des Wasserbeckens.

Geeignet sind auch **Cryptocorynen**, die in den Grund gepflanzt den Boden mit Ausläufern überziehen. *Cryptocorynen* gedeihen auch in schattigen Bereichen, sind aber auf eine gute Wasserqualität angewiesen, sonst faulen sie schnell. Bei flachem Wasserstand kommt die eigentliche Sumpfpflanze auch zur Blüte.

Wasser- und Sumpfpflanzen bekommt man im Zoohandel oder auch in Gartenbaufachgeschäften.

Will man größere Tiere wie Wasserschildkröten oder Strumpfbandnattern pflegen, so kommen nur robuste Gewächse in Frage. Das **Fensterblatt** (Monstera) und den **Baumfreund** (*Philodendron*) kann man oberhalb der Wasseroberfläche verankern. Die sogenannten Luftwurzeln wachsen ins Wasser, aus dem die Pflanze ihre Nähstoffe bezieht. Das wiederum kommt der Wasserqualität zugute. Das **Einblatt** (*Spathiphyllum*) ist eine typische Sumpfpflanze, die aber auch im mäßig feuchten Boden gedeiht.

Die Terrarientiere

Es ist sehr viel schwieriger, Terrarientiere in einwandfreiem Zustand zu erwerben als beispielsweise Aquarienfische, Wellensittiche oder Goldhamster. Das liegt vor allem daran, dass die Terraristik erst in den letzten Jahren einen ungeheuren Aufschwung erlebt hat und der Handel mit seinen Qualifizierungen bisher nicht so recht Schritt halten konnte. Inzwischen hat sich die Situation verbessert, einige Zoohändler sind inzwischen sogar vorbildlich, doch ist unter den verschiedenen Möglichkeiten der private **Züchter** immer noch die empfehlenswerteste Adresse. Man sieht dort, wie die Elterntiere gehalten werden, kann sich in Ruhe ausführlich beraten lassen und hat außerdem auch später noch einen kompetenten Ansprechpartner, der sich mit der jeweiligen Art intensiv beschäftigt hat. Nachzuchttiere bergen außerdem das geringste Risiko, Krankheiten ins eigene Terrarium einzuschleppen.

Die DGHT (Adresse siehe Seite 119) als größter Zusammenschluss aus Terrarianern und Herpetologen gibt nicht nur lesenwerte Mitgliederzeitschriften mit entsprechenden Kleinanzeigen heraus, sondern kann solche Kontakte auch direkt vermitteln.

Worauf man beim Kauf achten sollte

Zwar werden im Zoohandel immer häufiger auch Amphibien und Reptilien angeboten, doch handelt es sich bei der Mehrzahl der Tiere um **Wildfänge**, mit denen man sich sehr schnell Parasiten und Erkrankungen einhandelt. Lange Transportwege und die häufigen Umstellungen nach dem Fang haben die Tiere gestresst und geschwächt. Der Transport selbst, Zwischenaufenthalte beim Exporteur, Groß- und Einzelhändler in Behältnissen mit hoher Besatzdichte sind für die Tiere äußerst belastend. Viele beherbergen Endo- (im Inneren des Wirtes) oder Ektoparasiten (auf der Haut des Wirtes), die sich unter solchen Bedingungen rapide vermehren können. Die Tiere sind oft dehydriert (= ausgetrocknet) und abgemagert. Um solche geschwächten Exemplare überhaupt retten zu können, ist eine penible Quarantäne, meist sogar in Verbindung mit intensiver tiermedizinscher Versorgung unabdingbar. Um sich diese Mühen und die fast sicher folgenden Enttäuschungen zu ersparen, sollte gerade der Einsteiger keine Wildfänge kaufen.

Eine andere Fehlerquelle ist die Geschlechtsbestimmung, die kaum ein Händler bei allen angebotenen Arten sicher vornehmen kann. Sie ist oft nicht einfach, und es gehört neben gründlicher Kenntnis auch einige Erfahrung dazu. Weil die männlichen Tiere oft in der Überzahl sind, ist das Risiko groß, statt eines Pärchens

zwei Männchen zu erwerben. In Händlerterrarien ist oft eine größere Zahl von Tieren untergebracht, die dort natürlich keine Reviere bilden. In einem der Art entsprechend eingerichteten Terrarium entfalten sie ihre natürlichen Verhaltensweisen, wozu bei revierbildenenden Arten auch die aktive Verdrängung des schwächeren Männchens durch das stärkere gehört. Das schwächere Tier wird – für uns manchmal kaum oder überhaupt nicht zu bemerken – unterdrückt, steht unter andauerndem Stress, frisst nicht mehr und geht schließlich ein, wenn es nicht rechtzeitig separiert worden ist.

Terraristikbörse. Hier oder in einem Zoofachgeschäft mit gut sortierter Terraristikabteilung kann man Terrarien und Zubehör sowie Lebendfutter kaufen. Die Tiere selbst besorgt man sich im Allgemeinen besser direkt beim Züchter.

Terraristikbörsen mit regionaler, inzwischen sogar bundesweiter Bedeutung finden immer häufiger statt. Ehemals nur zum Zweck des Austausches von Nachzuchten und des Kaufs von Lebendfutter und diversem Terrarienzubehör eingerichtet, sind inzwischen viele Anbieter hinzu gekommen, die nicht nur aus reiner Begeisterung den Kontakt zum Liebhaber suchen. Teilweise zwielichtige Händler bieten an ihren Verkaufstischen vielerlei Arten an, über die sie oftmals selbst nicht Bescheid wissen. Selbst alte Hasen erkennen die schwarzen Schafe nicht unbedingt auf den ersten Blick.

Auf jeden Fall sollte man die Tiere vor dem Kauf eine Weile in Ruhe beobachten. Seien Sie kritisch, lassen Sie sich Zeit und fragen Sie den Zoohändler oder dem Besitzer ruhig Löcher in den Bauch. Sie müssen die korrekte wissenschaftliche Bezeichnung der Art kennen, ihr ursprüngliches Verbreitungsgebiet, das Alter der Tiere, was sie fressen und wie oft, unter welchen Bedingungen sie im Terrarium bisher gepflegt wurden (Temperatur, Luftfeuchtigkeit, Einrichtung), wann die letzte Häutung stattgefunden hat, wie die Tiere sich im Allgemeinen verhalten und vieles mehr. Vergleichen Sie die Informationen mit dem, was Sie durch die Fachliteratur in Erfahrung bringen können. Ein engagierter Terrarianer, dem daran gelegen ist, dass seine Tiere in gute Hände gelangen, wird sich über Ihr reges Interesse freuen und es Ihnen nicht verübeln, wenn Sie sich mit Ihrem Entschluss noch ein paar Tage Zeit lassen möchten.

Für den Einsteiger ist es oft schwierig, das Verhalten der Tiere richtig zu deuten. Deshalb ist es ratsam, den Kontakt zu anderen Terrarianern, die schon vertrauter und erfahrener im Umgang mit Reptilien oder Amphibien sind, zu suchen.

Gesamteindruck

- **Bewegen** sich die Tiere normal oder haben sie etwa Schwierigkeiten sich fortzubewegen? Werden beim Laufen die Hinterbeine angezogen, oder zieht das Tier sie nach? Letzeres deutet auf Lähmungen oder Verletzungen hin.
  Ist ein leichtes Zittern der Beine oder Zehenspitzen im Ruhezustand zu beobachten, ist das bei Echsen ein Merkmal von Vitaminmangel und wird sich mit Sicherheit verschlechtern, wenn nichts unternommen wird.
- Wie sehen **Maul und Nase** aus? Das Maul des Tieres sollte geschlossen, die Kiefer nicht verschoben oder geschwollen sein. Aus Schnauze und Nasenlöchern darf kein Sekret austreten.
- Wie sieht die **Haut** aus? Sind Hautveränderungen wie Pusteln, Knötchen, geschwollene Stellen, Wunden oder Parasiten zu erkennen? Tieren, die sich im Ganzen häuten, wie Geckos, Schlangen und Amphibien, sollten keine Hautreste anhaften. Der Panzer bei Schildkröten muss hart sein und bei Druck nicht nachgeben. Es dürfen keine Verformungen sichtbar sein. Sehr junge Schildkröten haben allerdings noch keinen vollständig ausgehärteten Panzer.
- Wie sehen die **Augen** aus? Keine Tiere mit eingesunkenen Augen kaufen!

Ernährungszustand eines Tieres

- Ist die Schwanzwurzel einer Echse auffällig dünn und stehen die Beckenknochen vor, bedeutet das in der Regel, dass die Fettreserven vollständig aufgezehrt sind und sich das Tier in einem bedenklichen Ernährungszustand befindet. In vielen Fällen liegt obendrein ein Parasitenbefall vor. Solche Tiere können, wenn überhaupt, nur von einem erfahrenen Terrarianer wieder aufgepäppelt werden.

Verhalten

- Baumbewohner halten sich nicht für längere Zeit am Boden auf, es sei denn, sie werden von anderen Terrarientieren unterdrückt oder sind krank.
- Dämmerungs- und nachtaktive Tiere liegen tagsüber normalerweise nicht mitten im Terrarium, wenn es Verstecke gibt.

Außerdem sollten Sie keine Tiere aus Behältern kaufen, in denen wahllos Arten vergesellschaftet sind, die eine auffallend hohe Besatzdichte haben und/oder verschmutzt sind.

Anolis m. marmoratus. Alle Anolis sind flinke und geschickte Kletterer, die auch hervorragend springen können. Sie besitzen, wie viele Geckos, Haftlamellen an der Unterseite der Füße. Das Haftvermögen ist bei ihnen allerdings nicht so ausgeprägt.

Vergesellschaftung und Besatzdichte im Terrarium

Gut hat sich im Allgemeinen die Vergesellschaftung von tag- mit nachtaktiven Arten bewährt und von Baum- mit Bodenbewohnern. Sie kommen sich in einem Terrarium, wo bei der Einrichtung die Bedürfnisse beider Arten berücksichtigt wurden, nicht ins Gehege. Ihrer Lebensweise gemäß werden die Arten paarweise oder in einer Gruppe von einem Männchen und mehreren Weibchen gehalten. Falls nicht anders angegeben ist unter „Gruppe" immer die Konstellation mit einem Männchen zu verstehen.

Als Regel gilt:

- den Tieren möglichst viel Raum zur Verfügung zu stellen und, wenn überhaupt,
- nur wenige Arten zu vergesellschaften, die aus ähnlichen Biotopen stammen.
- Ist der Lebensraum zu klein, leiden alle Terrarieninsassen, besonders die schwächeren Individuen. Auch sollten die Tiere etwa dieselbe Größe haben, sonst kann es passieren, dass eines dem anderen als Beute dient.

Vergesellschaften Sie keine Schildkröten mit anderen Reptilien oder mit Amphibien. Schildkröten beherbergen oft Amöben. Amöben sind im Darm lebende Einzeller, die bei Schildkröten nicht pathologisch werden, sofern die Haltungsbedingungen einigermaßen günstig sind. Anders ist es bei Echsen und Schlangen. Kommen sie mit dem Kot der Schildkröten in Berührung, können sie sich leicht infizieren. Die Amöbyasis als eine der gefährlichsten Erkrankungen bei Echsen und Schlangen ist hoch infektiös und verläuft meist tödlich.

Auch Schlangen und Echsen sollten nicht zusammen gehalten werden. Schlangen sind oft Fressfeinde von Echsen und lösen bei ihnen Angst aus.

Transport und Eingewöhnung

Zum Transport werden Reptilien meistens einzeln in Baumwoll- oder Leinenbeuteln verpackt. Sie sind ausreichend luftdurchlässig, im Innern ist es dunkel, und die Tiere können sich nicht verletzen. Amphibien werden in Kunststoffbehälter mit Luftlöchern und feuchtem Fließpapier oder Moos gesetzt, damit sie nicht austrocknen. Man bringt zum Kauf am besten eine Tasche mit festem Boden, im Winter eine Thermotasche oder einen Styroporkarton mit, in den die Beutel oder Kästen hineingelegt werden.

Zuhause öffnet man die Verpackung vorsichtig (bei Tieren, die springen können, **im** Terrarium) und entlässt den Neuling in sein Behältnis. Vorher ist gesprüht worden und eine Wasserschale steht bereit, damit die Tiere sofort trinken können. Mit dem Füttern wartet man ein paar Stunden, bis sie sich in Ruhe mit ihrer Umgebung vertraut gemacht haben. Insektenfressern gibt man zunächst nur wenige Futtertiere. Wenn diese genommen wurden, kann man am nächsten Tag weitere verfüttern. Schlangen werden frühestens am nächsten Tag gefüttert. Man erkundigt sich auch beim Züchter, wann und was die Tiere zuletzt gefressen haben und in welchen Abständen sie üblicherweise Nahrung aufnehmen.

Manche Tiere gehen umher und erkunden alles vorsichtig, manche ziehen sich erst einmal sofort ins nächste Versteck zurück, und es kann eine Weile dauern, bis sie wieder zum Vorschein kommen. Auch wenn man voller Spannung darauf wartet, sie endlich beobachten zu können, muss man eventuell in der ersten Zeit Geduld aufbringen. Täglich, beziehungsweise während ihrer Aktivitätszeit, beobachtet man die Tiere eine Zeit lang, um ihre Verhaltensweisen und Gewohnheiten kennen zu lernen und frühzeitig zu erkennen, wenn etwas nicht stimmt.

Einige Anhaltspunkte:

- Kommen tagaktive Echsen aus ihren Verstecken, um sich zu sonnen und zu fressen?
- Zeigen sich dämmerungs- und nachtaktive Tiere spätestens ein paar Stunden nach Abschalten der Hauptbeleuchtung?
- Frisst jedes Tier in regelmäßigen Abständen?
- Wie nehmen die Tiere Flüssigkeit auf? Trinken sie aus einer Schale oder nehmen sie Sprühwasser auf?

Amphibien nehmen Feuchtigkeit über die Haut auf, sie trinken nicht. Pflanzenfressende Echsen decken ihren Flüssigkeitsbedarf hauptsächlich über die Nahrung und trinken nur selten.

Geht es allen Tieren im Terrarium gut oder wird eines unterdrückt? Das äußert sich oft in extrem ruhigem oder unruhigem Verhalten bei gleichzeitiger Nahrungsverweigerung. Die Tiere müssen dann wahrscheinlich getrennt werden. Das passiert allerdings nur, wenn die Besatzdichte zu hoch ist, das Terrarium für die Art zu klein ist, mehrere Männchen in einem Terrarium leben müssen (adulte Männchen der meisten Echsenarten und viele Froschlurche dulden kein zweites Männchen in ihrem Revier), oder zu wenig Versteckmöglichkeiten und Liegeplätze vorhanden sind. Auch auf die oben zum Kauf aufgeführten Merkmale sollte man bei seinen eigenen Tieren immer wieder achten.

Kinder und Terrarientiere

Bei Kindern ist es schwer vorhersehbar, ob die anfängliche Begeisterung für ein Hobby von Dauer sein wird. Man sollte sich zusammen alles gut überlegen. Kinder unter zwölf Jahren sind im Allgemeinen mit der alleinigen Betreuung eines Terrariums überfordert.

Tierhaar- und Federstauballergien treten auch bei Kindern immer häufiger auf. Deshalb entsteht oft der Wunsch nach einem Terrarientier, das keine Haare und Federn hat. Terrarientiere sind aber keine Streicheltiere. Dass es trotzdem Spaß macht, sie zu beobachten und zu pflegen, kann man auch Kindern nahe bringen. In manchen Fällen entwickelt sich so ein dauerhaftes Interesse, das natürlich immer zuerst von den Eltern gefördert und geleitet werden muss.

Viele Reptilien und Amphibien werden mit der Zeit von allein recht zahm und fressen auch aus der Hand. Dennoch bedeutet es für die Tiere immer eine Stresssituation, wenn sie aus ihrem Terrarium genommen werden. Man tut das nur, wenn es sich nicht vermeiden lässt.

Handhabung der Tiere

Generell sollte man mit der Hand nicht nach einem Terrarientier greifen. Viele, zum Beispiel alle Geckos, können nämlich den größten Teil des Schwanzes an einer „Sollbruchstelle" abwerfen, wenn sie von einem Fressfeind angegriffen werden. Der noch zuckende abgeworfene Schwanz bleibt zurück, das Tier kann entkommen. Normalerweise verheilt die Wunde, und der Schwanz regeneriert sich, bleibt aber immer kleiner und unansehnlich. Um so etwas im Terrarium auf alle Fälle zu vermeiden, dürfen Echsen nie am Schwanz festgehalten werden.

Wenn man eine kleinere Echse oder einen Lurch aus seinem Terrarium fangen muss, so nimmt man am besten einen Behälter, stülpt ihn vorsichtig über das Tier und schiebt langsam eine dünne feste Pappe oder Ähnliches zwischen Kästchen und Sitzplatz. Auch ein Aquarien- oder Teichnetz ist geeignet. Aber immer ganz langsam vorgehen, damit nicht bei einem plötzlichen Fluchtversuch Schwanz oder Gliedmaßen eingeklemmt werden. Ruhige,

Linke Seite: Grüne Wasseragame (*Physignatus concincinus*).

etwas größere Echsen wie Bartagamen kann man mit beiden Händen nehmen, indem man um den Leib herum fasst. Bei jedem Tier muss man aber immer darauf gefasst sein, dass es plötzlich wegläuft. Wenn man es dann nicht sicher hält, springt es auf den Boden und ist womöglich schnell hinter dem nächsten Schrank verschwunden.

Amphibien fasst man wegen ihrer empfindlichen Schleimhäute möglichst nicht mit den Händen an, schon gar nicht mit trockenen Händen. Für die Handhabung größerer Frösche, Kröten oder Salamander eignet sich ein weiches feuchtes Tuch.

Sollte es doch einmal passieren, dass ein Tier ausbricht und man weiß nicht, wo es sich aufhält, kann man in dem entsprechenden Raum ein feuchtes Tuch in einer Ecke auslegen und ein durchsichtiges, verschlossenes Kästchen mit Futterinsekten oder anderer Nahrung aufstellen und den Ort öfter kontrollieren. Für einen Baumbewohner platziert man diese Dinge an einer höheren Stelle.

Die Tierportraits

In den folgenden Portraits werden für den Einsteiger geeignete Terrarientiere vorgestellt. Dabei werden die wichtigen Daten zur Haltung in Kurzform bei jeder Art einzeln aufgezählt (siehe Abkürzungen im Kasten unten)

Die Terrarientypen

Trockenterrarien:
Wüstenterrarium = T1W
Steppenterrarium (Halbwüste) = T1S
Felsenterrarium = T1F

Feuchtterrarien:
halbfeuchtes Terrarium = T2Hf
Regenwaldterrarium = T2R

Aquaterrarium = T3A

Quarantäneterrarium

Schlüssel für die Kürzel zu jedem Artenportrait:

H = Herkunft;
G = Gesamtlänge;
Bo = Bodenbewohner;
Ba = Baumbewohner;
Fe = Felsenbewohner;
T = Tagestemperatur;
Tl = lokale Temperatur (unter Strahlern und/oder an besonders erwärmten Zonen);
Nt = Nachttemperatur;
F = Futter;
AT = Tagesaktivität;
AN = Dämmerungs- und Nacht aktivität; Terrarientyp (siehe Kasten „Die Terrarientypen");
TG = Terrarienmindestgröße (Länge x Breite x Höhe).

Geschlechtsmerkmale

Echsen (Sauria)

Eine sichere Geschlechtsbestimmung ist meist nur bei adulten (=erwachsenen) Exemplaren möglich. Geschlechtsreife männliche Tiere sind bei manchen Arten intensiver gefärbt als weibliche. Viele haben eine deutlich verdickte Schwanzbasis, an deren Unterseite sich in der Mitte eine Längsfurche befindet. Seitlich davon liegen die Hemipenistaschen, in denen jeweils ein Hemipenis gelagert ist.

Alle Echsen besitzen Poren, die je nach Gattung an verschiedenen Stellen um die Kloakenregion und an der Innenseite der Hinterbeine angeordnet sein können.

Präanalporen sind vergrößerte Schuppen, die in einer Reihe angeordnet, vor dem Kloakenspalt stehen. Eingelagerte Drüsen produzieren ein Sekret, mit dem die männlichen Tiere ihre Reviergrenzen markieren. Die Poren sind auch bei weiblichen Tieren vorhanden, jedoch nur schwach erkennbar, die Drüsen fehlen oft ganz. Viele Geckos und Agamen besitzen Präanalporen.

Femoralporen Femoralporen sind in einer Längsreihe auf den Oberschenkelinnenseiten der Hinterbeine liegende Drüsenöffnungen. Sie dienen dem gleichen Zweck wie die Präanalporen. Man findet sie bei vielen Geckos, Agamen und Leguanen. In der

Die Poren übertrieben dargestellt von links nach rechts.
Oben: Präanofemoralporen, Femoralporen.
Unten: Präanalporen, Postanaltuberkel.

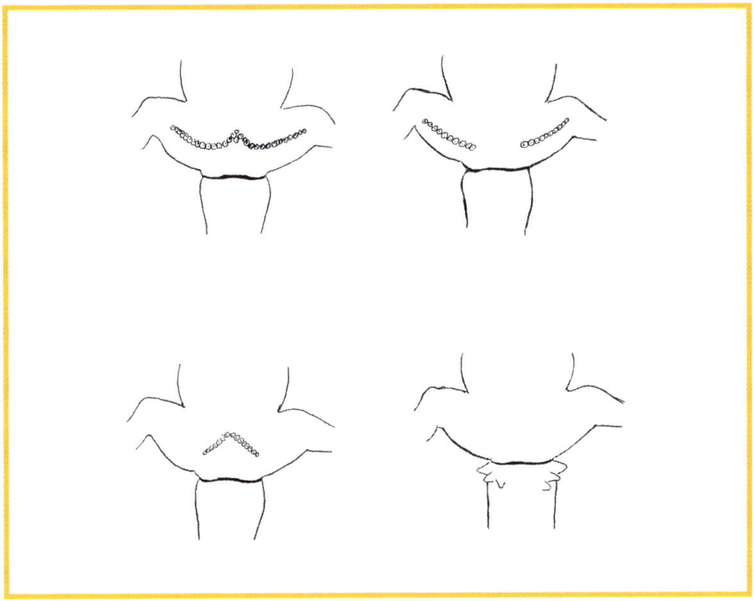

Bei diesen Wassernattern sind die Geschlechtsunterschiede sehr gut zu sehen. Links das männliche, rechts das massigere weibliche Tier mit deutlich abgesetztem Schwanz.

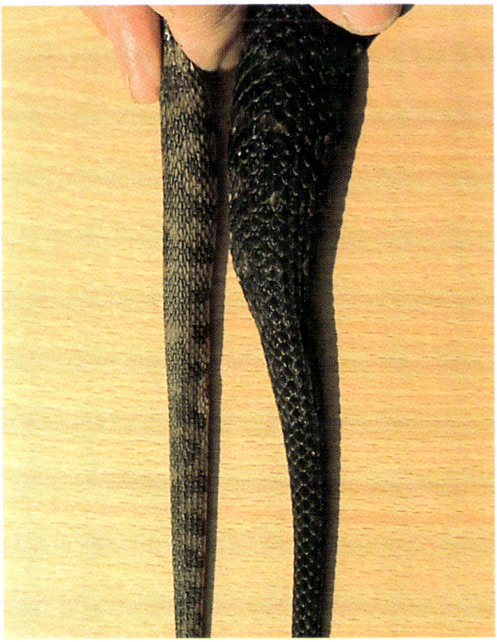

Paarungszeit sind sie stärker ausgeprägt.
Präanofemoralporen sind auf den Innenseiten der Oberschenkel und vor dem Kloakenspalt angeordnet, wie die Zeichnung zeigt.
Postanaltuberkel sind höckerartige Schuppen, die auf der Unterseite des Schwanzes hinter dem Kloakenspalt einen Bogen bilden. Von der Seite betrachtet sind sie gut als hervorstehende Zapfen zu erkennen.

Schlangen (Serpentes)

Das Geschlecht einer Schlange kann nur ein im Umgang mit der jeweiligen Art vertrauter Terrarianer oder Herpetologe bestimmen. Vor allem bei vielen Nattern ist die Anzahl der Schuppen von der Kloake bis zur Schwanzspitze bei männlichen und weiblichen Tieren verschieden. Weibliche Nattern werden oft größer und massiger als männliche.

Amphibien (Amphibia)

Geschlechtsreife männliche Frösche und Kröten haben an der Unterseite der Vorderfüße Brunstschwielen, die in der Laichzeit stärker hervortreten. Bei manchen Arten stoßen auch die Weibchen Laute aus, in der Regel rufen aber die Männchen. Weibchen werden meist größer und massiger als Männchen. Männliche Molche werden zur Laichzeit farbenprächtiger, und die Kloake ist deutlich verdickt.

Schildkröten (Testudines)
Die Geschlechterbestimmung bei Schildkröten überlässt man am besten dem Züchter. In der Regel weisen männliche Tiere einen längeren, zur Spitze schmaler zulaufenden Schwanz auf als weibliche Tiere.

Spinne und Skorpion (Arachnida)
Die Geschlechtsmerkmale von **Vogelspinnen** sind schwer in wenigen Sätzen zu verdeutlichen. Das zum Thema angegebene Buch im Literaturhinweis hilft dem interessierten Leser hier weiter.

Sind männliche **Skorpione** geschlechtsreif, haben sie große, kräftige Scheren, mit denen sie untereinander ihre Kräfte messen. Sieht man sich männliche und weibliche Tiere gleicher Größe nebeneinander an, so wird der Unterschied deutlich.

Kaiserskorpione werden häufig im Zoofachhandel angeboten.

Die Tierportraits

Grüner Leguan (*Iguana iguana*)

H: Süd- und Mittelamerika; **G:** bis 180 cm; Ba ; **T:** 25-28; **Tl:** 33-35; **Nt:** 24; **F:** Pflanzen; **AT;** T2Hf oder T2R; **TG:** 300 x 100 x 250.

In einem Terrarium mit den angegebenen Maßen lässt sich ein ausgewachsenes Paar pflegen. Einige raurindige Äste sollten mindestens so dick sein wie ihr Leibesumfang. Ungefähr die Hälfte des Terrariums wird als Wasserteil eingerichtet. Um Streitereien zu vermeiden, ist es notwendig, mehrere Sonnenplätze einzurichten. Das Futter muss in der Hauptsache pflanzlich und abwechslungsreich sein. Jungtiere zieht man am besten in kleineren Behältern auf. Die Tiere können 18 bis 25 Jahre alt werden.

Sceloporus poinsetti

H: Von der Halbinsel Yucatan bis ins mittlere Nordamerika; **G:** 23 cm; Fe; **T:** 28-30; **Tl:** 40; **Nt:** 18-20; **F:** Insekten; **AT;** T1F; **TG:** 100 x 50 x 50.

Namensgebend für die Stachelleguane – so die deutsche Bezeichnung für Sceloporus – ist die raue, stachelige Beschuppung, die ihnen ein imposantes Aussehen verleiht.

Die lebend gebärenden Echsen sind relativ einfach zu pflegen und pflanzen sich im Terrarium auch ohne größere Probleme fort. Außer Insekten sollte man ihnen auch Blüten und Früchte anbieten. Die Winterruhe dauert sechs bis acht Wochen bei Temperaturen zwischen 12 und 15 °C.

Leguane (Iguanidae)

Sceloporus cyanogenes

H: Vom Süden Texas bis Nordost Mexiko; **G:** 35 cm; Fe; **T:** 30; **Tl:** 40; **Nt:** 18-24; **F:** Insekten; **AT;** T1F; **TG:** 120 x 60 x 60.

Besonders die Männchen dieser Art, die am besten paarweise gepflegt wird, sind sehr schön gefärbt. *Sceloporus cyanogenes* braucht unbedingt Klettermöglichkeiten. Wie *S. poinsetti* sind die Tiere lebend gebärend und stellen ähnliche Pflegeansprüche. Wie alle tagaktiven Echsen müssen Stachelleguane regelmäßig bestrahlt werden.

Leguane (Iguanidae)

Maskenleguane (*Leiocephalus personatus* und *Leiocephalus schreibersii*)

H: Haiti, Hispaniola; **G:** 25 cm; Bo; **T:** 25-28; **Tl:** 38; **Nt:** 20; **F:** Insekten; **AT**; T1S; **TG:** 100 x 40 x 50.

Das Terrarium für Maskenleguane wird mit einer dicken Schicht Aquariensand (die Tiere graben sich nachts gern ein), der stellenweise leicht feucht gehalten wird, und mehreren Steinaufbauten eingerichtet. Nachts sollte die Luftfeuchtigkeit etwas ansteigen. Die Winterruhe von zwei bis drei Monaten wird bei 15 °C gehalten. Die Weibchen graben zur Eiablage tiefe Gänge in den Boden. Bei 27-28 °C im Brutkasten schlüpfen die Jungen nach acht bis zehn Wochen. Mit 22 cm Gesamtlänge bleibt *Leiocephalus schreibersii* etwas kleiner und schlanker. Außer Insekten bietet man Blüten und Früchte an.

Liolaemus tenuis

H: Chile; **G:** 15 cm; Bo; **T:** 24-26; **Tl:** bis 40; **Nt:** 18; **F:** Insekten; **AT**; T1S; **TG:** 60 x 50 x 50.

Liolaemus-Arten (Erdleguane) stammen überwiegend aus Gebirgslagen, in denen tagsüber intensive Sonneneinstrahlung herrscht, es nachts dagegen sehr kalt wird. *L. tenuis* – einer der kleinsten und farbenprächtigsten Erdleguane – sollte im Sommer im Freien gehalten werden. Gute Belüftung ist wichtig. Die Weibchen vergraben ihre Eier im leicht feuchten Bodengrund. Zur achtwöchigen Ruhezeit im Herbst oder Winter senkt man die Temperatur auf 10-15 °C.

Rotkehlanolis (*Anolis carolinensis*)

H: Südosten der USA, Bahamas; **G:** bis 18 cm; Ba ; **T:** 24-27; **Tl:** 28-30; **Nt:** 22; **F:** Insekten; **AT**; T2Hf; **TG:** 60 x 40 x 80.

Anolis sind schlankgebaute, kleine Baumleguane, deren Körperlänge etwa ein Drittel der Gesamtlänge misst. *A. carolinensis* kann man paarweise oder in einer kleinen Gruppe pflegen. Weibchen haben eine weiße, leicht gezackte Rückenlinie. Die Luftfeuchtigkeit sollte tagsüber zwischen 60 und 70 %, nachts bei 80 % liegen. Mehrere Gelege im Jahr mit jeweils zwei Eiern werden in feuchter Erde vergraben. Bei 27 °C schlüpfen die Jungen nach etwa sechs Wochen.

Bahamaanolis (*Anolis sagrei*)

H: Kuba und Nachbarinseln; **G:** bis 20 cm; **Ba; T:** 24-27; **Tl:** 28-30; **Nt:** 22; **F:** Insekten; **AT;** T2Hf; **TG:** 60 x 40 x 80.

Das Aufspannen des Kehlsegels, das bei den Männchen vieler *Anolis*-Arten leuchtend gefärbt ist – bei *Anolis sagrei* rot mit gelber Umrandung – bedeutet Imponier- und Balzverhalten. Die Tiere werden paarweise, ansonsten aber wie *Anolis carolinensis* gepflegt.

Wie bei den meisten *Anolis* bleiben die Weibchen kleiner als die Männchen.

Leguane (Iguanidae)

Anolis marmoratus

H: Guadeloupe (Ostkaribik); **G:** bis 25 cm; **Ba; T:** 24-27; **Tl:** 28-30; **Nt:** 22; **F:** Insekten; **AT;** T2R; **TG:** 80 x 50 x 100.

Anolis marmoratus pflegt man paarweise oder in einer Gruppe. Das Terrarium sollte bepflanzt sein, die Luftfeuchtigkeit 70 bis 80 % am Tage und 80 bis 90 % in der Nacht betragen. Die Weibchen vergraben mehrmals im Jahr ein bis zwei Eier in feuchter Erde.

Leguane (Iguanidae)

Ritteranolis (*Anolis equestris equestris*)

H: Kuba; **G:** 45 cm; Ba ; **T:** 26-29; **Tl:** 30-33; **Nt:** 24; **F:** Insekten; **AT;** T2R; **TG:** 100 x 70 x 120.

Der Ritteranolis wird leider immer wieder für die Haltung in kleineren Terrarien verkauft, wo er aber kümmert. Erst wenn man ihn paarweise in entsprechend großen Behältern pflegt, zeigt er sein Verhaltensrepertoire. Das Terrarium sollte mit vielen Ästen und Zweigen eingerichtet werden. Die Luftfeuchtigkeit darf nie lange absinken. Ab und zu werden gern nestjunge Mäuse gefressen. Nur mit mindestens gleichgroßen Arten vergesellschaften! Das Weibchen vergräbt mehrmals im Jahr zwei Eier in feuchter Erde. Die Jungen schlüpfen bei 28 °C nach acht bis zehn Wochen. Oft müssen sie anfangs eine Weile zwangsgefüttert werden.

Goldstaubtaggecko (*Phelsuma laticauda*)

H: Nordwesten Madagaskars, Komoren; **G:** bis 14 cm; **Ba; T:** 24-29; **Tl:** bis 35; **NT:** 20-25; **F:** Insekten; **AT:** T2Hf; **TG:** 50 x 50 x 60.

Goldstaubtaggeckos hält man paarweise in einem bepflanzten Terrarium mit Ästen und Bambusröhren bei einer Luftfeuchtigkeit von 60 bis 70 %. Die Doppeleier werden in Blattspreiten oder Röhren abgelegt. Will man *Phelsuma laticauda* mit anderen Arten vergesellschaften, muss der Behälter vergleichsweise groß sein, da die Tiere auch gegenüber anderen Echsen aggressiv sein können. Wie alle Phelsumen besitzen die Weibchen an den Kopfseiten Taschen, in denen sie Kalk speichern können.

Geckos (Gekkonidae)

Phelsuma lineata chloroscelis

H: Madagaskar; **G:** 12 cm; **Ba; T:** 25-27; **Tl:** 30; **Nt:** 20; **F:** Insekten; **AT**; T2Hf oder T2R; **TG:** 50 x 30 x 80.

Phelsuma lineata gehört zu den kleinen Taggeckos. Das Terrarium wird mit Ästen, Zweigen und Pflanzen ausgestattet. Die Luftfeuchtigkeit sollte zwischen 50 und 70 % liegen. *Phelsuma lineata chloroscelis* benötigt eine Luftfeuchtigkeit zwischen 60 und 80 %. Es werden jeweils zwei Eier in Blattachseln oder in Rindenzwischenräume abgesetzt. Bei 28 °C schlüpfen die Jungen nach etwa sechs Wochen und müssen einzeln aufgezogen werden.

Geckos (Gekkonidae)

Großer Taggecko (***Phelsuma madagascariensis grandis***)

H: Madagaskar; **G:** bis 30 cm; **Ba; T:** 24-28; **Tl:** 30; **NT:** 20-24;**F:** Insekten; **AT**; T2Hf; **TG:** 60 x 60 x 100.

Phelsuma madagascariensis grandis wird paarweise gehalten und das Terrarium mit stabilen Ästen und Bambusröhren eingerichtet. Für die Bepflanzung eignen sich robuste Gewächse mit großen Blättern, wie Philodendron oder Sanseveria. Wie alle Phelsumen lecken die Tiere gern süßen Früchtebrei, den man ihnen in einem kleinen Schälchen regelmäßig frisch anbietet. Die Doppeleier werden bevorzugt in Bambusröhren abgelegt. Die Schlüpflinge müssen in den ersten Monaten einzeln aufgezogen werden.

Leopardgecko (*Eublepharis macularius*)
H: Asien; **G:** 25 cm; Bo; **T:** 25-30; **Tl:** 35; **Nt:** 18-24; **F:** Insekten; **AN**; T1S; **TG:** 80 x 30 x 30.
Die zu den Lidgeckos zählenden Leopardgeckos werden paarweise oder in einer kleinen Gruppe gehalten. Die Weibchen vergraben jeweils zwei weichschalige Eier in feuchtem Substrat. Bei 27 bis 28 °C im Brutbehälter schlüpfen die Jungen nach etwa zehn Wochen und können gemeinsam aufgezogen werden. Leopardgeckos lassen sich mit Maskenleguanen, Bartagamen und Skinken aus Trockengebieten vergesellschaften, sind langlebig und auch dem Anfänger sehr zu empfehlen. Die Winterruhe wird acht bis zwölf Wochen bei Temperaturen um 15 °C gehalten.

Engfingergecko (*Stenodactylus petrii*)
H: Sahara; **G:** 7-8 cm; Bo ; **T:** 26-30; **Tl:** 35; **Nt:** 18-22; **F:** Insekten; **AN**; T1W; **TG:** 50 x 30 x 30.
Engfingergeckos werden paarweise oder in einer Gruppe gepflegt und als Art für sich gehalten. Eine Schicht Sand und ein paar flache Steine, die von den Tieren untergraben werden, bilden die Einrichtung. Sie lecken Sprühwassertropfen auf. Mehrmals im Jahr vergraben die Weibchen zwei hartschalige Eier im trockenen Sand. Will man das Gelege im Terrarium lassen, muss man ein Sieb oder etwas Ähnliches darüberstülpen. Die Jungen schlüpfen nach acht bis zwölf Wochen und werden einzeln aufgezogen. Während der achtwöchigen Winterruhe bei Temperaturen um 15 °C lässt man die Tiere in ihrem Terrarium.

Geckos (Gekkonidae)

Cyrtodactylus peguensis
H: Burma, Südthailand, Nordmalaysia; **G:** 12-15 cm; Ba und Bo; **T:** 20-26; **Tl:** 28; **Nt:** 20-22; **F:** Insekten; **AN**; T2R; **TG:** 50 x 30 x 60.
Eine Luftfeuchtigkeit von 70-80 %, nachts bis 90 % sollte langfristig nicht unterschritten werden. Die Tiere sind gegen Temperaturen über 29 °C empfindlich und müssen kühlere Bereiche aufsuchen können. Die Eier werden in leicht feuchter Erde vergraben. Bei 26 bis 27 °C schlüpfen nach zehn bis zwölf Wochen die Jungen. Wenn genügend Versteckmöglichkeiten vorhanden sind, kann man sie zusammen aufziehen. *C. peguensis* lässt sich in etwas größeren Terrarien gut mit kleinen *Anolis* oder Phelsumen vergesellschaften.

Geckos (Gekkonidae)

Fernand Prachtskink (*Mochlus fernandi*)
H: Afrikanische Westküste von Liberia bis Angola; **G:** 30 cm; Bo; **T:** 25-27; **Tl:** 29; **Nt:** 20-24; **F:** Insekten; **AT;** T2R; **TG:** 100 x 50 x 50.

Dieser hübsche, gut zu haltende Skink ist ein Bodenbewohner des tropischen Regenwaldes. Da sich die Tiere zeitweise vergraben, muss das Terrarium mit einer dicken Schicht leicht feuchter Erde ausgelegt werden. Ein paar stabile Wurzeln vervollständigen die Einrichtung. Die Luftfeuchtigkeit darf nie zu stark absinken. Außer Insekten werden auch Regenwürmer gefressen. Die Tiere vergraben ihre Eier im feuchten Erdreich.

Vielstreifen-Mabuye (*Mabuya multifasciata*)
H: weitverbreitet in Südostasien und Ozeanien; **G:** bis 30 cm; Bo; **T:** 25-27; **Tl:** 38; **Nt:** 22; **F:** Insekten und süßes Obst; **AT;** T2Hf oder T2R; **TG:** 100 x 50 x 50.

Mabuya bezeichnet eine Gattung von Skinken, deren zahlreiche Arten sowohl in mäßig trockenen Gegenden, als auch in Feuchtgebieten vorkommen. *Mabuya multifasciata* lebt in Bodennähe, vermag aber recht flink an Wurzeln oder raurindigen dickeren Ästen zu klettern. Zwei Drittel der Gesamtlänge entfallen auf den Schwanz. Die Tiere benötigen Verstecke am Boden, in die sich nachts zurückziehen können. Die Luftfeuchtigkeit sollte bei 70 bis 80 % liegen. *Mabuya multifasciata* ist lebend gebärend.

Blauschwanzskink (*Mabuya quinquetaeniata*)
H: Nordost- bis Südostafrika; **G:** 25 cm; Bo; **T:** 24-30; **Tl:** 40; **Nt:** 20; **F:**Insekten; **AT;** T1S; **TG:** 80 x 40 x 40.
Die leuchtend blau gefärbten Schwänze der Jungtiere gaben diesem Skink seinen Namen. Man hält die lebhaften Echsen am besten paarweise in einem mit Sandboden und Klettergelegenheiten ausgestatteten Terrarium. Die weichschaligen Eier werden an einer feuchten Stelle im Boden vergraben. Bei Temperaturen um 28 °C schlüpfen die Jungtiere nach etwa sechs Wochen. Eine Vergesellschaftung mit anderen Skinken ist riskant, weil sie sich gegenüber anderen Mabuyen aggressiv verhalten. In einem entsprechenden Terrarium lassen sie sich jedoch mit Leopardgeckos oder Leguanen gleicher Größe aus ähnlichen Biotopen vergesellschaften.

Berberskink (*Eumeces schneideri*)
H: Norwestafrika bis nach Westasien; **G:** 30 cm; Bo; **T:** 26-30; **Tl:** 38; **Nt:** 22; **F:** Insekten und Obst; **AT:** T1S; **TG:** 120 x 50 x 60.

Der Berberskink ist ein ruhiger und bei guter Pflege ausdauernder Terrarienbewohner. Er wird recht zahm und frisst bald aus der Hand. Als Bodenbewohner braucht er flache raue Klettergelegenheiten und Höhlen unter Wurzeln oder Steinen, in die er sich nachts zurückziehen kann. Die weichschaligen Eier werden im feuchten Grund vergraben und vom Weibchen bis zum Schlupf bewacht. Zeitigungsdauer bei 28 °C etwa acht Wochen. Es empfiehlt sich die paarweise Haltung. Nicht mit kleineren Echsen vergesellschaften, da diese als Beute angesehen werden.

Agamen (Agamidae)

Bartagamen (*Pogona vitticeps, Pogona barbatus* und *Pogona rankinii*)

H: Australien; **G:** 50 cm (P. rankinii nur bis 15 cm) Bo; **T:** 27-30; **Tl:** 40; **Nt:** 25; **F:** Gemischtköstler; **AT:** T1S; **TG:** 150 x 80 x 80.

Bartagamen sind zahme, ruhige Tiere, die häufig nachgezogen werden. Sie erreichen ihre Endgröße schon nach $1\frac{1}{2}$ Jahren. Das Futter sowie die Vitamin- und Mineralstoffzufütterung müssen reichhaltig beziehungsweise ausgewogen sein, damit es – besonders in der Wachstumsphase – nicht zu Mangelerscheinungen kommt. Regelmäßige UV-Bestrahlungen sind wichtig. Bartagamen sind sehr gefräßig. Außer Insektenkost brauchen sie Blüten, Blätter und Früchte. Paarweise Haltung, besonders die kleinen Arten auch in Gruppen.

Agamen (Agamidae)

Nackenstachler (*Acanthosaura*)

H: Thailand, Indonesien, Südchina; **G:** 20-25 cm; **Ba; T:** 24-27; **Tl:** 30; **Nt:** 20; **F:** Insekten; **AT;** T2R; **TG:** 80 x 60 x 100.

Nackenstachler brauchen eine hohe Luftfeuchtigkeit von 80 bis 90 %. In ihr Terrarium sollte unbedingt ein Wasserteil mit bewegtem Wasser integriert werden, in dem sie gern baden und schwimmen. Viele trinken auch nur, wenn sie die Wasserbewegung sehen. Angeboten werden meistens *A. armata* und *A. crucigera*. Nackenstachler werden zahm und fressen bald von der Hand oder Pinzette. In einem mit Ästen ausgestatteten, bepflanzten Behälter fühlen sich die Tiere wohler als in einem unbepflanzten Terrarium. Ausgewachsene Männchen haben eine deutlich verdickte Schwanzwurzel.

Agamen (Agamidae)

Grüne Wasseragame (*Physignathus cocincinus*)

H: Thailand bis Südchina; **G:** 90-100 cm; **Ba; T:** 25-28; **Tl:** 35-37; **Nt:** 24; **F:** Insekten, Mäuse, Obst; **AT;** T2R; **TG:** 180 x 90 x 200.

Wasseragamen liegen gern auf Baumstämmen, die über ein Gewässer ragen. Im Terrarium richtet man die Hälfte der Grundfläche als Wasserteil ein. Wildfänge gewöhnen sich schwer ein, sind äußerst scheu und springen in Panik gegen die Scheiben, wobei sie sich immer wieder die Schnauzen verletzen. Nachzuchttiere werden dagegen zahm und sind gut haltbar. Da Wasseragamen auch untereinander sehr aggressiv sein können, empfiehlt sich die paarweise Haltung. Die Eier werden tief im feuchten Boden vergraben.

Maurische Landschildkröte (*Testudo graeca*)
H: Spanien, Marokko, Algerien, Tunesien, Lybien; **G:** bis 30 cm; Bo; **T:** 22-27; **Tl:** 30-35; **Nt:** 24; **F:** Pflanzen; **AT;** T1S und Freiland; **TG:** 150 x 100 x 60.
Zur Haltung von Landschildkröten sind Freilandgehege notwendig, die sowohl sonnige als auch schattige, regengeschützte Plätze aufweisen.
Am besten eignet sich eine Kombination aus einem zum Teil beheizten Gewächshaus und einem Freigehege.Das Zimmerterrarium ist nur zur Aufzucht von Jungtieren oder zur Pflege kranker Tiere geeignet. Auf keinen Fall aber darf man man Tiere, die bisher im Zimmerterrarium gehalten worden sind, bei kühler Witterung ins Freie setzen. Jede Umgewöhnung muss langsam erfolgen.

Chinesische Dreikielschildkröte (*Chinemys reevesii*)
H: China, Japan; **G:** 12-18 cm; Bo; **T:** 20-25; **Tl:** 27; **Nt:** 18-22; **F:** Regenwürmer, Fischfiletstreifen, Schildkrötentrockenfutter; **AT;** T3A; **TG:** 120 x 50 x 60.
Die Dreikielschildkröte braucht in ihrem Terrarium einen Landteil und einen mindestens ebenso großen Wasserteil mit einer Wassertiefe von 20 cm (Jungtiere erhalten einen entsprechend flachen Wasserteil). Moorkienwurzeln sind als Einrichtung geeignet. Ein guter Filter ist nötig, weil die Tiere durch ihren regen Stoffwechsel das Wasser schnell verschmutzen. Es sollte eine achtwöchige Winterruhe bei 8 °C eingelegt werden. Vom Frühjahr bis zum Herbst ist auch die Freilandhaltung möglich.

Schildkröten (Testudines)

Moschusschildkröte (*Sternotherus odoratus*)
H: östliche und südostliche USA, Südöstliches Kanada; **G:** bis 14 cm; Bo; **T:** 20-25; **Tl:** 27; **Nt:** 18-20; **F:** Schildkrötentrockenfutter, Würmer, Fleisch- und Fischstreifchen, etwas Salat und Obst; **AT;** T4A; **TG:** 100 x 50 x 40.
Die Moschusschildkröte ist eine der kleinsten Sumpfschildkröten und für die Haltung im Aquaterrarium geradezu ideal. Sie braucht einen Wasserteil mit Wurzelholzstücken und krautiger Bepflanzung sowie einen leicht besonnten Landteil. Die angegebenen Temperaturen sollten nicht überschritten werden. Die Weibchen vergraben mehrere hartschalige Eier in lockerer Erde.

Schildkröten (Testudines)

Königspython (*Python regius*)

H: Westafrika; **G**: 120 cm; Bo und **Ba**; **T**: 26-28; **Tl**: 32; **Nt**: 26; **F**: Mäuse; **AN**; T1S; **TG**: 120 x 60 x 60. Unter den Riesenschlangen ist der Königspython auch für den Einsteiger in die Schlangenhaltung empfehlenswert. Die Tiere sind außerordentlich ruhig und friedfertig. Allerdings sollte man auf keinen Fall Wildfangtiere kaufen, da sie nur in ausgesprochen seltenen Fällen Futter annehmen. Nachzuchttiere fressen problemlos Zuchtmäuse. Verstecke am Boden, ein stabiler rauer Kletterast und eine Wasserschale zum Trinken und Baden bilden die Einrichtung. In einem Terrarium mit den oben angegeben Maßen kann ein Pärchen gehalten werden, in größeren Behältern kann man Königspythons auch in Gruppen pflegen.

Schlangen (Serpentes)

Rote Königsnatter (***Lampropeltis triangulum annulata***)

H: Nord- und Mittelamerika; **G**: 90 cm; Bo; **T**: 24-30; **Tl**: 32; **Nt**: 27; **F**: Mäuse; **AN**; T1S; **TG**: 120 x 50 x 50.

Von der Gattung *Lampropeltis* gibt es zahlreiche Arten und Unterarten, Farb- und Zeichnungsvarianten. Lampropelten sind Bodenbewohner, die kaum klettern. Manche Arten graben sich gern in den Boden ein. Das Terrarium wird mit einer Sandschicht, die stellenweise feucht gehalten wird, und Versteckmöglichkeiten wie gewölbten Steinen oder Wurzelstücken eingerichtet. Die Eier werden in feuchtem Boden bei 24-28 °C gezeitigt. Die Winterruhe sollte etwa drei Monate bei etwa 15 °C dauern.

Schlangen (Serpentes)

Kornnatter (***Elaphe guttata***)**, Gelbe Erdnatter** (***Elaphe obsoleta***)

H: weitverbreitet in Nord- und Mittelamerika; **G**: 170 cm; **Ba**; **T**: 24-27; **Tl**: 28; **Nt**: 25; **F**: Mäuse; **AN**; T2Hf; **TG**: 120 x 90 x 180.

Elaphen sind Kletternattern. Die Gattung umfasst zahlreiche Arten, von denen die Kornnattern auf Grund ihrer Anpassungsfähigkeit, Friedfertigkeit und farblichen Attraktivität sehr zu empfehlen sind. Die Einrichtung sollte aus verschieden starken, raurindigen Ästen bestehen. Korkröhren und Rindenstücke dienen als Verstecke. Bodengrund: Erde-Sand Gemisch oder nicht zu feiner Aquariensand. Erdnattern werden unter denselben Bedingungen gehalten.

Rosenboa (*Lichanura trivirgata*)

H: Mittelamerika; **G:** 90 cm; Bo; **T:** 27; **Tl:** 33; **Nt:** 20; **F:** Mäuse; **AN**; T1W oder T1S; **TG:** 100 x 50 x 50.

Diese friedlichen kleinen Boas werden inzwischen häufiger nachgezogen. Sie bringen einmal im Jahr vier bis sechs lebende Junge zur Welt. Als Nachzuchttiere sind sie unkompliziert in der Haltung. Eine trockene Sandschicht als Bodengrund, einige raue Steine, sowie Verstecke am Boden und eine kleine Wasserschale zum Trinken genügen als Einrichtung. Eine gute Belüftung ist wichtig. Rosenboas reagieren empfindlich auf hohe Luftfeuchtigkeit, deshalb nur ab und zu ganz kurz sprühen. Eine dreimonatige Winterruhe bei etwa 15 °C ist förderlich.

Strumpfbandnatter

H: Nordamerika; **G:** bis 120 cm; Bo; **T:** 24-26; **Tl:** 28; **Nt:** 20; **F:** Fische, Regenwürmer; **AT**; T3A; **TG:** 120 x 50 x 50.

Fisch fressende Schlangen haben einen regeren Stoffwechsel als Säugetier fressende. Man muss bei ihnen mit einem höheren Reinigungsaufwand rechnen, damit keine üblen Gerüche aufkommen. Manche Arten, wie *Thamnophis butleri* sind mit 70 cm ausgewachsen, *Thamnophis sirtalis* wird bis zu 120 cm, *Thamnophis sauritus* bis zu einem Meter lang. Strumpfbandnattern sind lebend gebärend. Die Tiere sind sehr agil und lassen sich nur ungern aus dem Terrarium nehmen. Man kann sie paarweise oder in einer Gruppe, auch mit mehreren Männchen, halten. Strumpfbandnattern sind empfindlich gegen andauernde hohe Luftfeuchtigkeit. Deshalb sorgt man für eine gute Luftzirkulation, ohne dass Zugluft entsteht und richtet auf dem Landteil des Aquaterrariums einen Sonnenplatz ein.

Schlangen (Serpentes)

Japanischer Feuerbauchmolch
(*Cynops pyrrhogaster*)
H: Japanische Inseln; **G:** 12 cm; Bo; **T:** 20; **Tl:** 22-24; **Nt:** 18-20; **F:** Mückenlarven, kleine Regenwürmer und Insekten; **AT;** T3A; **TG:** 80 x 30 x 30.
Feuerbauchmolche halten sich die meiste Zeit in stehenden oder langsam fließenden Gewässern auf. Ab und zu gehen sie an Land, wo man sie im Falllaub oder unter morschem Holz findet. Der Wasserteil sollte mit krautigen Wasserpflanzen – Wasserpest oder Hornkraut – bestückt sein, da die Tiere darin gern umherwandern und sich festhalten. Auch abgelaicht wird gern an solchen Stängelpflanzen. Die Molche legen bei 10 °C eine zwei- bis dreimonatige Winterruhe im Wasser ein.

Amphibien

Chinesische Rotbauchunke (*Bombina orientalis*)
H: Ost-Sibirien, Nordost-China, Korea, Japan; **G:** bis 6 cm; Bo; **T:** 22-25; **Tl:** 26; **Nt:** 22; **F:** Insekten, Regenwürmer; AN und **AT;** T3A; **TG:** 80 x 40 x 40.
Die agilen Tiere halten sich sowohl im Wasser, als auch an Land auf. Die Wassertemperatur sollte 23 °C betragen (wie in allen Aquaterrarien etwas niedriger als die Lufttemperatur). Eine achtwöchige Winterruhe bei 5 °C ist Voraussetzung für die Fortpflanzungsbereitschaft im Frühjahr. Der Landteil wird mit Erde, Wurzeln und Rinden eingerichtet, der Wasserteil mit krautigen Gewächsen bepflanzt. Die Kaulquappen nehmen Flockenfutter für Aquarienfische. Rotbauchunken werden paarweise oder in einer kleinen Gruppe gehalten, im Sommer auch im Freien.

Amphibien

Dreifarbiger Baumsteiger (*Epipedobates tricolor*)
H: Süden Ecuadors; **G:** bis 2,5 cm; Bo ; **T:** 22-28; **Tl:** 29; **Nt:** 22; **F:** kleine Heimchen, Fruchtfliegen; **AT;** T2R; **TG:** 60 x 40 x 50.
Der dreifarbige Baumsteiger ist einer der kleinsten Pfeilgiftfrösche. In seinem Feuchtbiotop, das mit Erde, Wurzeln und Pflanzen eingerichtet wird, darf ein kleiner flacher Wasserteil mit leicht bewegtem Wasser nicht fehlen. Man hält die Tiere paarweise (die Männchen bewachen die Gelege und verteidigen ihre Reviere), in größeren Terrarien ist auch eine Gruppenhaltung möglich. Die Kaulquappen können gemeinsam bei einer Wassertemperatur von 22 bis 23 °C aufgezogen werden. Sie fressen Algen und fein zerriebenes Fischfutter.

Atlaskröte (*Bufo brongersmai*)

H: Nordwestliches Afrika nördlich der Sahara; **G:** 5 cm; Bo ; **T:** 25-27; **Tl:** 30; **Nt:** 20-24; **F:** Insekten; **AN**; T3A; **TG:** 80 x 40 x 40.

Statt der Berberkröte, die recht häufig für die Terrarienhaltung empfohlen und unter ähnlichen Bedingungen gepflegt wird, wird hier die Atlaskröte vorgeschlagen, weil sie wesentlich kleiner bleibt. Die Art stammt aus Trockengebieten, wo die Tiere sich in den Boden eingraben um dort an kühleren feuchten Stellen den Tag zu verbringen. Im Terrarium müssen trockene wie feuchte Stellen vorhanden sein. Rindenstücke als Verstecke sollten nur leicht gewölbt sein, weil die Kröten Kontakt zur Höhlendecke brauchen. Auch eine Gruppenhaltung mit mehreren Männchen ist möglich.

Gebänderter Baumsteiger (*Dendrobates leucomelas*)

H: Süd- und Mittelamerika; **G:** bis 3,5 cm; Bo ; **T:** 26-28; **Tl:** 30; **Nt:** 25; **F:** mittelgroße Heimchen, Fruchtfliegen und Wachsmotten; **AT**; T2R; **TG:** 60 x 40 x 50.

Teilweise dichte Bepflanzung und schattige Bereiche am Erdboden sorgen dafür, dass die Tiere sich sicher fühlen und häufig zeigen. Die Luftfeuchtigkeit sollte am Tage 80 bis 90 %, nachts 90 bis 100 % betragen. In kleineren Terrarien werden sie mit Rücksicht auf ihres Territorialverhaltens besser paarweise gehalten, in größeren Behältern lässt sich eine Gruppe pflegen. Als Verstecke und Laichplätze am Boden nehmen die Frösche gern halbierte und mit einem Ausschnitt versehene Kokosnussschalen an. Auf den Boden des Laichhäuschens legt man eine kleine flache Schale. Weil die Männchen das Gelege nur am ersten Tag bewässern und erst zurückkehren, um die Kaulquappen auf dem Rücken zum Wasser zu tragen, ist es sicherer, man setzt den Laich nach zwei Tagen mitsamt der Unterlage in eine Schale mit niedrigem Wasserstand, bis die Quappen schlüpfen. Dann werden sie in ein Aquarium bei 23 °C Wassertemperatur mit Wasserpest oder Hornkraut umquartiert. Auf keinen Fall darf man frisches Leitungswasser verwenden. Die Kaulquappen nehmen zerriebenes Flockenfutter für Aquarienfische.

Kaiserskorpion (***Pandinus imperator***)

H: Westafrika; **G:** 20 cm; Bo; **T:** 25-28; **Tl:** 28; **Nt:** 25; **F:** Insekten; **AN**; oder T2R; **TG:** 60 x 30 x 30.

Der Kaiserskorpion ist ein Bodenbewohner des tropischen Regenwaldes. Er ist sehr friedlich, und sein Gift ist für den Menschen nicht gefährlich. Man kann die Tiere paarweise oder in einer Gruppe halten. Hoher Erdboden, leicht gewölbte Rindenstücke auf dem Boden als Unterschlupf und eine flache Wasserschale genügen als Einrichtung. Die Tiere können nicht an glatten, senkrechten Flächen klettern, man kann deshalb ein oben offenes Aquarium als Behälter verwenden. Um ein Entweichen der Futtertiere – Heimchen und Grillen – zu verhindern, kann man innen am oberen Rand Glasstege einkleben.

Brachypelma smithi (***Mexikanische Rotknievogelspinne***)

H: Mexico; **G:** 7 cm ; Bo; **T:** 25-28; **Tl:** 28; **Nt:** 22-25; **F:** Insekten; **AN**; T2Hf; **TG:** 40 x 30 x 30.

Diese ausgesprochen ruhige und friedliche Vogelspinne kann man auch dem Anfänger empfehlen. Sie wird in einem Terrarium, das mit einer dicken Erdschicht, einigen Verstecken am Boden und einer Wasserschale zum Trinken ausgestattet ist, gehalten. Vogelspinnen pflegt man einzeln, da sie auch Artgenossen als Beute betrachten. Nur zur Paarung setzt man die geschlechtsreifen Tiere zusammen. *Brachypelma*-Arten gehören zu den Bombardierspinnen. Wenn sie sich bedroht fühlen, bürsten sie mit dem hinteren Beinpaar blitzschnell Haare vom Hinterleib, die durch die Luft wirbeln. Eingeatmet können diese Brennhaare Hustenreiz verursachen. Lässt man – so weit es möglich ist – die Spinnen in Ruhe, zeigen sie dieses Abwehrverhalten aber nicht. Im Terrarium füttern wir die ausgewachsenen Tiere einmal wöchentlich mit Heimchen oder Grillen, wobei jeweils nur ein Futtertier ins Terrarium gegeben wird. Die nötige Luftfeuchtigkeit von 70 bis 80 % erreicht man durch regelmäßiges Sprühen.

Vorsicht bei der Anschaffung bestimmter Tiere!

Es gelangen oft Arten in den Handel, die aus ihren Ursprungsländern zur Fangsaison in großen Stückzahlen exportiert und oft zu verlockenden Preisen angeboten werden. Leider sind nicht wenige darunter, die auf Grund ihrer Nahrungsgewohnheiten sehr schwer oder gar nicht haltbar sind. Andere sind so stressempfindlich, dass sie die Strapazen in den seltensten Fällen überstehen. Viele werden als Jungtiere gefangen, ausgewachsen sind sie jedoch wegen ihrer enormen Endgröße kaum mehr im Terrarium zu halten.

Handelt es sich bei Baumagamen der Gattungen *Calotes* oder *Gonocephalus* um Wildfangtiere, sollte man vom Kauf Abstand nehmen. Sie sind meist hinfällig und leiden oft unter schwerem Parasitenbefall. Terrariennachzuchten gibt es gerade von Calotes-Arten selten, und selbst diese sind in der Pflege ausgesprochen heikel.

Die **Siedleragame** (*Agama agama*) wird regelmäßig und sehr preiswert als Wildfangtier angeboten. Trotz der bestechend schönen Färbung sollte man die Tiere nicht kaufen, da auch gesunde Weibchen in sehr vielen Fällen an Legenot sterben. Außerdem begünstigt die raue Beschuppung der Tiere oft einen Blutmilbenbefall. Viele Weibchen von *Agama mutabilis*, einer kleinen Agamenart, sind zur Fangsaison trächtig. Sie sterben fast immer an Legenot – spätestens beim enttäuschten „Endverbraucher".

Siedleragame, männlich. In Terrarien ab zwei Quadratmeter Größe könnte die Pflege erfolgreich sein.

Agama mutabilis
Diese Agamen sollte man nicht als Wildfangtiere kaufen.

Sceloporus malachiticus, ein Stachelleguan aus feuchten Waldgebieten, stellt als Wildfangtier hohe Ansprüche an den Pfleger. Seine Haltung ist dem Anfänger nicht zu empfehlen.
Auch die **Langschwanzechse** (*Takydromus sexlineatus*) wird in großen Stückzahlen importiert. Die Tiere sind sehr empfindlich, und es ist reine Glücksache, ob sie die Stresssituationen letztendlich überleben.
Nahrungsspezialisten werden oft sehr preisgünstig angeboten, so etwa die **Grasnatter** (*Opheodrys aestivus*), die als kleinbleibende, leuchtend grüne Schlange sehr ansprechend aussieht, aber offenbar ein ganz bestimmtes Beutespektrum besitzt. Die wenigsten Exemplare lassen sich an Heimchen gewöhnen, viele Tiere gehen oft nach kurzer Zeit ein. Die Haltung von Nachzuchttieren, die es selten gibt, ist nur etwas für den erfahrenen Terrarianer.
Der **Baumschnüffle**r (*Ahaetulla nasuta*), eine Trugnatter, die als Wildfangtier häufig im Handel auftaucht, frisst nur Echsen und scheidet daher für die Haltung im Terrarium aus. Trugnattern haben, meist tief im Rachen gelegene, nach hinten gebogene Furchenzähne, mit denen sie der Beute beim Schlucken Gift injizieren.
Auch wenn die Haltung von **Chamäleons** sehr reizvoll erscheint, ist sie doch kompliziert. Die meisten Chamäleons müssen einzeln gehalten werden und können nur zur Paarung zusammengesetzt werden. Viele brauchen einen deutlichen nächtlichen Temperaturrückgang, der im Terrarium schwer zu verwirklichen ist. Außerdem sind sie recht wählerisch in ihren Nahrungsansprüchen, so dass man immer eine größere Auswahl verschiedener Futterinsekten zur Verfügung haben muss.

Der **Königspython** (*Python regius*) ist als Nachzuchttier unproblematisch. Halbwüchsige und ausgewachsene Wildfangtiere dagegen, die leider immer noch verkauft werden, gehen im Terrarium so gut wie nie ans Futter.

Häufig werden die hübschen Jungtiere der **Abgottschlange** (*Boa constrictor*) angeboten. Ihre Endgröße liegt aber bei ungefähr drei Metern, und sie müsste später mit ausgewachsenen Ratten oder Meerschweinchen gefüttert werden!

Auch **Weichschildkrötenbabys**, nicht größer als ein Fünfmarkstück, tauchen oft im Handel auf. Die gängigen Arten sind ausgewachsen um die 60 cm (Panzerlänge) groß und werden mit zunehmendem Alter bissiger. Ähnlich verhält es sich mit der Schnappschildkröte, die als erwachsene Tiere durchaus einen Finger abbeißen können!

Rotwangen-Schmuckschildkröten können eine Panzerlänge von 40 cm erreichen, sind recht lebhaft, haben einen regen Stoffwechsel und sind deshalb für die Pflege im herkömmlichen Aquaterrarium nicht geeignet. Unzählige wurden von Ahnungslosen schon gekauft und später ebenso gedankenlos in der Natur ausgesetzt, wo sie die heimische Fauna in arge Bedrängnis bringen.

Ernährung

Bevor man das erste Tier anschafft, muss man sich darüber im Klaren sein, dass man es von nun an nicht nur mit farbenprächtigen Tieren zu tun hat, die spannend zu beobachten sind, sondern auch vor allem mit deren Futtertieren. Denn die Mehrzahl der Echsen, fast alle Amphibien, Vogelspinnen und Skorpione sind auf lebendige Insekten als Nahrung angewiesen. Größere Schlangen brauchen Mäuse, manchmal Ratten oder auch Fische. Wer sich also davor ekelt, Heimchen, Schaben und Ähnliches mit bloßen Fingern zu berühren, muss auf die Pflege der entsprechenden Arten verzichten und kann nur auf Pflanzenfresser ausweichen. Allerdings ist da die Auswahl recht begrenzt: Nur Landschildkröten und wenige Echsen ernähren sich ausschließlich vegetarisch. Wie auch immer, eine stete und sichere Versorgung der Tiere muss auf jeden Fall gewährleistet sein.

Futter für Insektenfresser

Von Zuchtbetrieben kann man sich Futterinsekten – auch im Abonnement – zuschicken lassen. Entsprechende Inserate findet man entweder in Fachzeitschriften oder erfährt sie von anderen Terrarianern. Auch viele Zoofachgeschäfte führen regelmäßig lebende Futterinsekten. Der Fang von Futterinsekten im Freien ist aus Naturschutzgründen verboten. Die beste Lösung, vor allem wenn man mehrere Terrarientiere pflegt, ist eine eigene Futtertierzucht. Ausführliche Anleitungen dazu findet man zum Beispiel bei Friederich & Volland (siehe Literaturverzeichnis).

> Eine zuverlässige Futtertierquelle sollte unbedingt vor dem Kauf der Tiere feststehen, so dass man immer Lebendfutter passender Größe für seine Tiere hat.

Aufbewahrung lebender Insekten

Futterinsekten müssen oft ein oder zwei Wochen gelagert werden. Heimchen, Grillen, Heuschrecken, Schaben und *Zophobas*-Larven (Schwarzkäferlarven) bewahrt man am besten bei Zimmertemperatur in Hobbyboxen auf, die in verschiedenen Größen im Zoofachhandel erhältlich sind. Eierkartons als Laufflächen und Versteckmöglichkeiten lassen sich leicht auswechseln, wenn sie verschmutzt sind. Die „Micro"-Größen von Grillen und Heimchen können in den Plastikdosen bleiben, in denen sie auch verkauft werden. *Zophobas*-Larven und Schaben können in einer Schicht Erde, in die sich eingraben, gehältert werden. Damit die Insekten ein gehaltvolles Futter abgeben, werden auch sie gefüttert. Hun-

Heimchen, Grillen und Heuschrecken werden in Plastikdosen verkauft, die mit kleinen Luftlöchern versehen sind.

Fütterung – wie oft?

- Ausgewachsene Terrarientiere werden im Allgemeinen zweimal wöchentlich,
- sehr klein bleibende Arten auch dreimal wöchentlich,
- Jungtiere täglich oder jeden zweiten Tag gefüttert.

defutterflocken sind dafür gut geeignet, denn sie enthalten pflanzliche und tierische Stoffe. Auch Flockenfutter für Aquarienfische kann verwendet werden. Täglich oder jeden zweiten Tag gibt man etwas Frischfutter (Löwenzahn, geraspelte Möhre, Salat, Apfelstückchen und Anderes), allerdings nur so viel, wie an einem Tag gefressen wird. Die Reste muss man bald entfernen, damit es nicht zur Schimmelbildung kommt.

Die angefütterten Insekten werden in einem hohen, glattwandigen Gefäß – beispielsweise einem Messbecher mit zwei Litern Fassungsvermögen – mit einem Vitamin-Mineralstoff-Pulver eingestäubt und ins Terrarium gegeben. Man sollte auch für die Insekten, die dort nicht sofort gefressen werden, etwas Futter auf den Boden legen.

Heimchen und Grillen

Für kleine bis mittelgroße Echsen und Froschlurche bilden Heimchen (*Acheta domesticus*) die Hauptnahrung. Sie werden gern gefressen, sind gut verdaulich und haben für Terrarientiere wertvolle Inhaltsstoffe. Wie Grillen, Heuschrecken und Schaben

Männliche und weibliche Zweifleckgrille. Deutlich sieht man beim Weibchen (rechts) die Legeröhre am Hinterleib.

werden Heimchen in verschiedenen Wachstumsgrößen angeboten. Heimchen und Grillen können besonders bei Wärme gut springen und schnell laufen. Je kühler es ist, desto langsamer werden sie. Damit sie nicht in die Wohnung entkommen können, füllt man sie am besten über der Spüle oder Badewanne aus den Kästchen in einen anderen Behälter um. Grillen werden etwas größer als Heimchen und sind im ausgewachsenen Zustand für mittelgroße bis große Tiere geeignet. Angeboten werden Zweifleckgrillen (*Gryllus bimaculatus*) und Steppengrillen (*Gryllus assimilis*). Da männliche Zweifleckgrillen sehr laut zirpen, ist die Steppengrille mit ihrem leiseren Gesang, die im Übrigen von vielen Echsen und Froschlurchen sowieso lieber gefressen wird, meist die bessere Wahl.

Heuschrecken

Wanderheuschrecken (*Locusta migratoria*) geben ein hervorragendes Futter ab. Sie bewegen sich sehr langsam, sind im Gegensatz zu Heimchen und Grillen tagaktiv und verstecken sich nicht. Ausgewachsene Exemplare werden von mittelgroßen bis großen Terrarientieren erbeutet.

Da Wanderheuschrecken recht teuer sind und sich nicht lange aufbewahren lassen, kauft man am besten nur kleine Stückzahlen, füttert sie einmal mit gewaschenem und abgetrockne-

Ausgewachsene Wanderheuschrecke.

tem Grünzeug an und setzt sie noch am selben Tag ins Terrarium.

Schwarzkäferlarven *(Zophobas morio)*

Die Larven des Schwarzkäfers sind ein gutes Beifutter für größere Terrarientiere. Man reicht sie den Tieren mit der Pinzette oder in einem glattwandigen Schälchen. Auf den Terrarienboden gesetzt graben sich die Larven ein, wenn sie nicht sofort gefressen werden. Die Entwicklung zum Käfer kann Monate dauern. Der Käfer selbst wird von den meisten Tieren verschmäht, denn bei Berührung sondert er ein unangenehm riechendes Sekret ab.

> Eine lange Futterpinzette kann sehr nützlich sein, um einzelne Tiere gezielt zu füttern. Pinzetten gibt es in verschiedenen Größen für den Terraristikbedarf oder in Sanitätshäusern. Die Spitzen müssen abgerundet sein, damit Maulverletzungen vermieden werden.

Schaben

Im Handel sind meistens die Totenkopfschabe (*Blaberus craniifer*) und die Argentinische Schabe (*Blaptica dubia*). Die Jungen sind winzig klein und kommen durch enge Spalten hindurch. *Blaptica dubia* kann sogar an Glas hochlaufen. Da sie sehr lichtscheu sind, verkriechen sich Schaben sehr schnell im Terrariengrund. Größeren „nimmersatten" Terrarientieren wie Bartagamen oder großen Kröten kann man Schaben einzeln mit einer Pinzette anbieten.

Drosophila-Kultur: Den Nährbrei verteilt man auf mehrere Gläser und setzt in jedes einige Fliegen. Der Rest ergibt sich von selbst.

Essig- oder Fruchtfliegen *(Drosophila)*

Als Futter für kleine Froschlurche und Echsen sind Fruchtfliegen unentbehrlich geworden. Gezüchtet werden kleine und große, flugfähige und flugunfähige (stummelflügelige) *Drosophila.* Die flugunfähige Variante kann beim Umsetzen ins Terrarium nicht so leicht entkommen und wird auch von bodenlebenden kleinen Terrarientieren erbeutet. Die Fliegen klettern und sind daher auch für kleine baumbewohnende Frösche und Jungtiere kleiner *Phelsuma*-Arten und *Anolis* ein sehr gutes Futter.

Im Handel gibt es Zuchtansätze aus einem Nährbrei mit den Eiern und Larven der Fliegen. Den Zuchtansatz kann man auf mehrere Gläser (Einmachgläser, Marmeladengläser) verteilen und die Gefäße mit Stücken von einem Damenstrumpf und einem Gummiband verschließen. Wenn die Behälter an unterschiedlich warmen Orten gelagert werden, schlüpfen die Fliegen zu unterschiedlichen Zeitpunkten. Will man die Entwicklung lange hinauszögern, kann man einen Teil des Zuchtansatzes im Kühlschrank aufbewahren. Rezepte für solche Nähransätze, die sich einfach zubereiten lassen, sind in dem oben genannten Buch zu finden.

Fliegen

Stuben- und Schmeißfliegenmaden bekommt man in Angelgeschäften. Die Fliegen können im Wechsel mit Heimchen an baumbewohnende Echsen, Frösche und Kröten verfüttert werden. Es empfiehlt sich, die Maden mit etwas Kleintierstreu (Hobelspäne) auf mehrere Behälter zu verteilen. Die Maden, die sich nicht so schnell verpuppen sollen, bewahrt man im Kühlschrank auf.

Stubenfliegen erhalten zur Anreicherung etwas Zucker in Vitaminsaft aufgelöst, bevor sie verfüttert werden, Schmeißfliegen bekommen etwas Hackfleisch mit einem Vitamin-Mineralstoffpräparat vermischt. Die Maden darf man auf keinen Fall verfüttern. Sie können den Magen-Darmtrakt von Amphibien und Reptilien anfressen, da sie in der Lage sind im Darm weiterzuleben, wenn sie im Ganzen verschlungen werden.

Wachsmaden und -motten *(Galleria melonella)*
Die Wachsmotte lebt eigentlich in Bienenwaben. Sie wird als Futter für kleine Frösche und baumbewohnende Echsen auf einem Kunstsubstrat gezüchtet. Die weichen Maden lassen sich auch an kleine Bodenbewohner verfüttern. Sie sind sehr fetthaltig und sollten deshalb nur ein Beifutter sein. Angeboten werden die Kleine und die Große Wachsmotte.

> Da Wachsmaden sehr gern gefressen werden, kann man mit ihnen manchmal geschwächte Tiere, die anderes Futter verweigern, aufpäppeln. Man legt den Tieren die Maden einzeln nacheinander vor oder reicht sie mit einer Futterpinzette.

Mehlwürmer *(Tenebrio molitor)*
Die Larven des Mehlkäfers sind wegen ihres ungünstigen Calcium-Phosphor-Verhältnisses für Terrarientiere ein minderwertiges Futter. Außerdem haben sie einen derben und gleichzeitig elastischen Panzer, der im Magen-Darm-Trakt vieler, besonders kleinerer Echsen und Amphibien nicht zersetzt werden kann. Oft werden Mehlwürmer unverdaut wieder ausgeschieden. Das kann zu Schädigungen des Darmes führen. Insbesondere Geckos vertragen Mehlwürmer nicht! Darmvorfälle und Darmblutungen sind nach häufiger Mehlwurmfütterung keine Seltenheit. Frischgehäutete Larven, die weich und weißlich sind, kann man hin und wieder in geringen Stückzahlen verfüttern. Von Schildkröten werden Mehlwürmer, zwischendurch gereicht, im Allgemeinen gut vertragen.

Aufzuchtfutter für sehr kleine Insektenfresser
Jungtiere sehr kleiner Arten, wie die mancher Pfeilgiftfrösche, brauchen entsprechend kleines Futter. Der Handel bietet Zuchtansätze von Essigälchen, Microwürmchen, Enchyträen, Grindalwürmchen und Springschwänzen an.

Futter für Säugetierfresser

Adulte (erwachsene) Schlangen von der Größe einer Kornnatter oder eines Königspythons lassen sich mit ausgewachsenen Zuchtmäusen ernähren. Jungschlangen erhalten nestjunge Mäuse. Selbständig fressende Mäuse verschiedenen Alters gibt es in Zoofachgeschäften. Falls man unsicher ist, welches Format die Schlange bewältigt, wählt man besser ein kleineres Futtertier aus, das leichter gefressen und verdaut wird. Jungschlangen werden zweimal wöchentlich gefüttert, ausgewachsene Tiere im allgemeinen einmal wöchentlich. Es kann natürlich passieren, dass

Bei der Fütterung von mehreren Schlangen im selben Terrarium muss man in der Nähe bleiben. Nicht selten verbeißen sich zwei Tiere in dieselbe Maus. Besonders häufig passiert das bei Jungschlangen, die im Wachstum und dementsprechend gierig sind. Dann ist es sicherer, die Tiere zur Fütterung zu trennen. Da die meisten Schlangen auch fressen, wenn sie zu diesem Zweck in einen kleineren Behälter, eine Hobbybox etwa, gesetzt werden, ist diese Methode gerade bei Jungschlangen unkompliziert.

man die richtige Mausgröße einmal nicht im Handel bekommt. Schlangenhalter züchten Mäuse oft selbst, so dass man das Futter für die Jungschlangen, die man dort gekauft hat, eventuell auch von ihnen beziehen kann. Wer mehrere Schlangen hält und sie auch nachziehen möchte, wird um eine eigene Futtertierzucht nicht herumkommen.

Man sollte nicht allzu oft die Bezugsquellen wechseln, denn gerade Säugetiere bergen manchmal Wurmparasiten, von denen einige auch Reptilien befallen können. Auf keinen Fall darf man Wildtiere verfüttern! Freilebende Mäuse sind ein Paradies für Würmer, Spatzen und Tauben sind Salmonellenträger.

Futter für Fischfresser

Fischfressende Jungschlangen wie Strumpfbandnattern werden mit Moderlieschen, Guppys oder Black Mollys aus dem Zoohandel gefüttert. Größere Tiere kann man mit jungen Forellen oder Orfen füttern. Hochrückige Fische können den Schlangen beim Verschlingen Probleme bereiten. Der Verkauf von lebenden Köderfischen in Angelgeschäften ist mittlerweile verboten, ebenso die Entnahme aus einem Gewässer. Größere Stückzahlen – von Forellensetzlingen etwa – kann man bei Nutzfischzüchtereien kaufen. In einem ausreichend belüfteten Aquarium werden sie bis zur Verfütterung gehältert oder auf Vorrat eingefroren.

Aquarienfische werden oft beim Groß- und Einzelhändler – auch vorbeugend – mit Medikamenten behandelt, die den Organismus der Terrarientiere ebenfalls belasten können. Ein Aquarium, in dem zum Beispiel Lebendgebärende Zahnkarpfen gezüchtet werden, ist eine gute Alternative und kann außerdem eine dekorative Bereicherung sein.

Zwischendurch bietet man Regenwürmer und in Streifen geschnittenes Fischfilet an. Regenwürmer kann man aus dem Garten nehmen, Tau- und Laubwürmer in Geschäften für Anglerbedarf kaufen. Gekaufte Würmer werden zunächst in Erde gesetzt. Nach etwa zwei Tagen haben sie frisches Substrat aufgenommen und können verfüttert werden.

Futter für Pflanzenfresser

Landschildkröten und einige Echsen sind pflanzenfressend (herbivor). Viele nehmen zwischendurch auch gern tierische Kost, die Hauptnahrung sollte jedoch aus Pflanzen bestehen, abwechslungsreich sein und mit Mineralstoffen angereichert werden, damit es nicht zu Mangelerscheinungen und Stoffwechselerkrankungen kommt.

Landschildkröten können einmal wöchentlich neben ihrer vegetarischen Kost etwas mageres Hackfleisch (Tartar) bekommen, das sich sehr gut mit verschiedenen Zusätzen wie frischem Eigelb, Hefeflocken oder Weizenkleie, Mineralstoffen und Vitaminen vermischen lässt. Auch Jungtiere von Grünen Leguanen und trächtige Weibchen erhalten zusätzlich tierische Kost.

Grünen Leguanen gibt man entsprechend ihren natürlichen Fressgewohnheiten prozentual mehr Blätter als Früchte. Faseriges Blattwerk oder rohes geraspeltes Wurzelgemüse, ab und zu etwas gekochter Reis liefern Ballaststoffe. Früchte können, wenn sie in zu

Allerlei Grünzeug und auch geriebenes Knollengemüse gehören auf den Speiseplan für Pflanzenfresser.

großen Mengen gegeben werden, auch bei Reptilien zu Verdauungsschwierigkeiten führen.

Wochenmärkte bieten eine breite Palette verschiedener Salat-, Gemüse- und Obstsorten an. Je nach Saison geben wir den Tieren Feld-, Romana-, Kraus-, Frisée-, Eissalat, Endivie oder Chicoree. Grüner Kopfsalat, wenn er nicht aus biologischen Anbau stammt, ist oft sehr nitrathaltig, nicht selten gespritzt und sollte lieber nicht verfüttert werden.

Grüne Leguane scheiden, wie andere pflanzenfressende Leguane, durch Niesen überschüssige Salze aus. Dazu dienen die sogenannten Harderschen Drüsen. Das Niesen ist bei ihnen also kein Krankheitssymptom, sondern ein normaler Vorgang.

Wirsing, Weiß-, Spitz-, und Chinakohl, geraspelte Möhren (ein sehr gutes Futter, dass häufiger angeboten werden kann und gern gefressen wird), Möhrengrün, geraspelte Sellerie, Selleriegrün, Rübstiel, auch Stielmus genannt, Äpfel, frische Feigen, Beeren, Kiwis und Vieles mehr, das im Freiland gewachsen ist. Alles muss gut abgewaschen oder geschält werden. Spinat und Mangold sollten seltener verfüttert werden. Die Blätter enthalten Oxalsäure, die sich im Organismus anreichert und bei häufiger Aufnahme zu Vergiftungserscheinungen führen kann.

Auf Wiesen, die weder gedüngt werden noch an einer viel befahrenen Straße liegen, kann man im Sommer Blätter und Blüten von Löwenzahn, Gänseblümchen, Klee und Milchdisteln sammeln. Junge Brennnesselblätter, Vogelmiere und andere ungiftige Wiesenpflanzen sind ebenfalls geeignet. Zweige von Linden oder Buchen werden besonders im Frühjahr, wenn die Blätter und Knospen zart sind, gern von Leguanen abgefressen.

Im Winter lassen sich Keimlinge, die sehr vitaminreich sind, in flachen Schalen ziehen und verfüttern. Welche Sprossensorten gefressen werden ist jeweils Geschmackssache und muss ausprobiert werden. Eine Auswahl von Samen gibt es in jedem Reformhaus und in manchen Supermärkten.

Die Gemischtköstler

Die Zahl der Gemischtköstler (Omnivore) unter den Echsen ist ziemlich groß. Viele Skinke fressen außer Insekten gern süße Früchte, wie Bananen-, Mango- Kiwi- oder Pfirsichstückchen. Taggeckos erhalten außer Insekten mindestens zweimal wöchentlich süßen Früchtebrei, den es als Babynahrung fertig zu kaufen gibt. Man kann ihn natürlich auch selbst herstellen. Da sich Taggeckos normalerweise nicht auf dem Boden aufhalten, ist es sinnvoll, den Früchtebrei, in den man auch Mineralstoff- und Vitaminpräparate mischen kann, in einem kleinen Gefäß im mittleren oder oberen

Zufütterung von Vitaminen und Mineralstoffpräparaten

Das Vitamin- und Mineralstoffpräparat Korvimin ZVT® (über den Tierarzt zu beziehen) hat sich in der Terraristik seit langem gut bewährt und sollte Jungtieren bei jeder Fütterung (eine Messespitze übers Futter, Futterinsekten einstäuben), ausgewachsenen Tieren zweimal wöchentlich gegeben werden.

Das Präparat Calcipot D3 (als Tabletten aus der Apotheke) enthält Calcium und Vitamin D3 in ausgewogenem Verhältnis. Die Tabletten werden in einem Mörser zerstoßen und das Pulver wie oben beschrieben dem Futter zugesetzt. Phelsumen sollten immer etwas davon in einem Schälchen zur Verfügung haben. Sie lecken das leicht süßliche Pulver auf. Phelsumen haben einen hohen Vitamin-D3-Bedarf. Eine Überdosierung durch Calcipot D3 ist bei ihnen ausgeschlossen – wie jeder Züchter bestätigen wird.

Zusätzlich empfiehlt es sich, Vitamine in emulgierter Form wie Multi Mulsin N® (Apotheke) zu geben, da die fettlöslichen Vitamine A, D, E und K vom Organismus wechselwarmer Tiere nicht ausreichend aufgenommen werden können, wenn sie in Pulverform verabreicht werden.

Die Vitaminpräparate sind wohldosiert dem Futter beizumengen. Eine Überdosierung kann Schaden anrichten. Jungtiere erhalten einmal wöchentlich, adulte Tiere jede zweite Woche ein bis zwei Tropfen pro Kilogramm Körpergewicht. Schlangen, Schildkröten, etliche Leguane, Skinke und Agamen trinken aus einer Schale, in die man das Mittel mit dem Wasser gibt. Die meisten Geckos und Anolis decken ihren Wasserbedarf ausschließlich über das Auflecken von Tropfen von Einrichtungsgegenständen und Terrarienscheiben. Ihnen gibt man das Vitaminmittel einmal wöchentlich mit dem Sprühwasser. Alle Präparate werden verschlossen, kühl und dunkel aufbewahrt.

Sepia (Schulp vom Tintenfisch), von dem man mit einem Küchenmesser leicht Flocken abschaben kann, oder Vogelgrit (Zoofachgeschäft) auf den Terrarienboden gestreut, wird von vielen Echsen und Schildkröten zur Deckung ihres Kalkbedarfes aufgenommen und sollte den Tieren immer zur Verfügung stehen.

Bereich des Terrariums anzubieten. Bartagamen benötigen außer Insekten regelmäßig Grünzeug und Früchte.

Geschmäcker sind verschieden, gerade bei Pflanzenfressern und Gemischtköstlern. Man wird also ausprobieren müssen, was gern genommen wird. Gutgenährte Tiere sollten aber nicht nur ihre Lieblingssorte erhalten, damit sie nicht verwöhnt werden und die Ernährung auf Dauer zu einseitig wird.

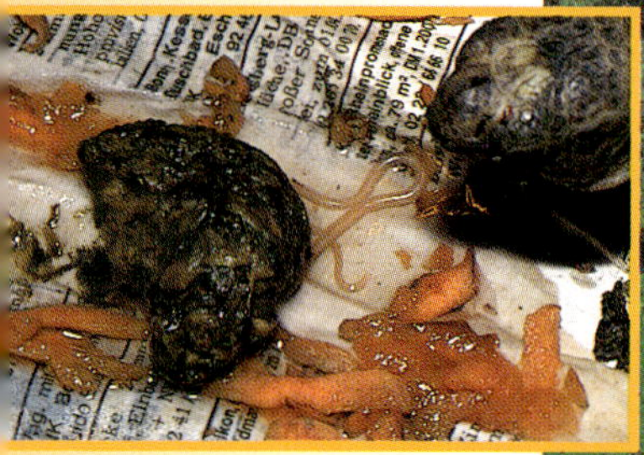

Gesundheit und Fortpflanzung

Terrarientiere wie Amphibien und Reptilien unterscheiden sich von anderen vom Menschen gepflegten Tieren durch einige Besonderheiten, auf die man in der Haltung besonders achten muss.

Wechselwärme

Amphibien und Reptilien sind wechselwarme Tiere. Im Gegensatz zu gleichwarmen (Säugetiere, Vögel) Tieren ist ihre Körpertemperatur nicht konstant, vielmehr nimmt ihr Organismus über die Hautoberfläche die Umgebungstemperatur an. Je kleiner ein Tier ist, desto schneller gehen Erwärmung und Abkühlung vor sich. Man unterscheidet zwischen Vorzugs- und Umgebungstemperaturen.

Ein wechselwarmes Tier muss sich aufwärmen können, um seine artspezifische **Vorzugstemperatur** zu erreichen. Das ist die höchste dem Tier zuträgliche Temperatur, die es zu voller Aktivität befähigt. An vielen Echsen ist dieser Vorgang sehr schön zu beobachten, wenn sie am Morgen aus ihren Verstecken kommen und einen Sonnenplatz aufsuchen. Einige Arten dunkeln dann die Farbe ihrer Haut ab und machen den Leib flach, um möglichst viel Wärme aufzunehmen. Wenn die Vorzugstemperatur erreicht ist, werden auch immer wieder kühlere Bereiche aufgesucht. Verschiedene Temperaturzonen **(Umgebungstemperaturen)** im Terrarium sind deshalb sehr wichtig. Zu den Artenportraits in diesem Kapitel sind jeweils ihre Umgebungstemperaturen unter T = Tagestemperaturen, ihre Vorzugstemperaturen unter lT = lokale Temperatur und die nächtlichen Werte unter Nt angegeben.

> Der gesamte Stoffwechsel eines wechselwarmen Tieres ist von der Außentemperatur abhängig. Ist sie zu niedrig, wird die Nahrungsaufnahme eingestellt, die Tiere werden inaktiv, die Verdauung verlangsamt sich oder hört ganz auf.

Ist es warm, aber nicht hell genug im Terrarium, werden tagaktive Tiere, besonders solche aus Wüsten- und Steppenregionen, nicht richtig munter, fressen schlecht und zeigen kein arttypisches Verhalten. Tiere, die in den unteren Regionen des Regenwaldes leben, wie manche Frösche oder Skinke, halten sich zwar oft im Schatten auf, besuchen aber auch sonnige Plätze. Viele Taggeckos und *Anolis*, die sich ständig in den mittleren und oberen Baumbereichen der Regen- und mäßig feuchten Wälder aufhalten, zeigen nicht ihre volle Farbenpracht, wenn es zu dunkel oder zu kühl ist.

UV-Bestrahlung

Tagaktive Reptilien liegen oft sehr lange in der Sonne und sind intensiver UV-Strahlung ausgesetzt. Ohne ultraviolettes Licht ist der Organismus nicht in der Lage, Vitamin D3 zu bilden. UV-Licht wirkt sich auf den Stoffwechsel, das Wachstum, den Paarungstrieb und das allgemeine Wohlbefinden aus. Damit es nicht zu Mangelerscheinungen kommt, sollte man alle tagaktiven Reptilien regelmäßig damit bestrahlen.

Man beginnt mit einer fünfminütigen Bestrahlungsdauer: zweimal wöchentlich aus einem Meter Entfernung, und verlängert langsam (indem jede dritte Woche fünf Minuten länger bestrahlt wird) auf zehn bis fünfzehn Minuten. Wüstenbewohnern bekommt nach langsamer Gewöhnung auch eine etwas längere tägliche Bestrahlung gut.

Sehr wichtig ist allerdings, dass man ausreichend Mineralstoffe (siehe Kapitel „Ernährung"), besonders Calcium, zum Futter gibt. Man sollte die angegebene langsame Gewöhnung, die Bestrahlungsdauer und den Abstand der Lampe vom Tier unbedingt einhalten. Zu lange und intensive Bestrahlungen können dem Tier schaden. Bei regelmäßigen längeren UV-Bestrahlungen und gleichzeitig mangelnder Calciumzufuhr kann eine Knochenerweichung die fatale Folge sein. In geräumigen Terrarien, in denen der nötige Abstand zum Tier gewahrt werden kann, empfiehlt es sich, die Lampe gleich von vornherein einzubauen und eventuell über eine Zeitschaltuhr zu steuern. Auch der zeitweise Aufenthalt in einem Freilandgehege bei schönem Wetter im Sommer kann sehr zuträglich sein, wobei den Tieren aber immer die Möglichkeit bleiben muss, in den Schatten auszuweichen. Man muss auch dafür sorgen, dass Katzen nicht an die Tiere heran können.

Flüssigkeitshaushalt

Besonders dünnhäutige Reptilien, wie bodenbewohnende Geckos, nehmen Feuchtigeit über die Haut auf, ja sie sind darauf angewiesen, weil sie sonst austrocknen.

Aber auch zwischen derb verhornten Schuppen von Echsen und Schlangen gelangt noch Feuchtigkeit aus der Luft an die weiche Unterhaut.

Die meisten Reptilien und Amphibien nehmen Feuchtigkeit auch über die Haut auf. Das regelmäßige Versprühen von Wasser im Terrarium ist deshalb zur Aufrechterhaltung der notwendigen Luftfeuchtigkeit wichtig. Auch für den komplikationslosen Häutungsvorgang ist eine ausreichende Luftfeuchtigkeit unerlässlich. Selbst in Trockenterrarien wird in den Morgen- oder Abendstunden gesprüht. Viele kleine Echsen, wie Geckos oder *Anolis*, trinken gar nicht oder ungern aus einer Wasserschale, sondern lecken Sprühwassertropfen auf, um ihren Flüssigkeitsbe-

Ein Gecko braucht zur vollständigen Häutung höchstens ein paar Stunden.

darf zu decken. Man sollte aber grundsätzlich eine Wasserschale zur Verfügung stellen. Für kleine Wüstenbewohner darf sie nur sehr flach sein, damit die Tiere darin nicht ertrinken können.

Alle Phelsumen und einige Nachtgeckos verfügen über Haftlamellen an der Unterseite der Füße, mit deren Hilfe sie auch an senkrechten, glatten Flächen entlanglaufen können. Eine große Anzahl von dämmerungs- und nachtaktiven Geckoarten ist bodenbewohnend und besitzt keine Haftlamellen sondern Krallen zum Graben.

Häutung

Die Haut der **Kriechtiere** besteht aus mehreren Schichten. In der unteren Keimzone werden ständig neue Zellen gebildet, während die obere, starr gewordene Haut abstirbt und abgestoßen wird. Jungtiere häuten sich sehr oft, adulte (erwachsene) Tiere in größeren Zeitabständen.

Vogelspinnen suchen meistens ein Versteck auf und legen sich vor Beginn der Häutung auf den Rücken. Bis das fertige Tier aus der Exuvie (= alte Haut) schlüpft, kann es einen ganzen Tag dauern. Auch Vogelspinnen und Skorpione fressen, ältere Tiere manchmal sogar ein bis zwei Wochen vor der Häutung, nicht mehr.

Wechselwarme Tiere wachsen ihr ganzes Leben lang, auch wenn sich das Wachstum nach der Geschlechtsreife erheblich verlangsamt.

Amphibien – ebenso Geckos – häuten sich in einem Stück und fressen die alte Haut sofort auf. Taggeckos und verschiedene Nachtgeckos besitzen Haftlamellen an der Unterseite der Füße, die ihnen das Laufen auch an senkrechten glatten Flächen ermöglichen. Wenn hier Häutungsreste verbleiben, können sie sich nicht mehr festhalten. Viele Skinke häuten sich ebenfalls im Ganzen. Bei Leguanen und Agamen löst sich die alte Haut fetzenweise ab, was Tage, manchmal sogar Wochen dauern kann.

Während des Häutungsvorganges lässt man die Tiere vollkommen in Ruhe. In den Terrarien von Schlangen, Vogelspinnen und Skorpionen dürfen sich während dieser Zeit keine Futtertiere befinden. Heimchen und Grillen könnten die in diesem Zustand wehrlosen Tiere anfressen. Eine Maus im Terrarium einer sich häutenden Schlange kann sie erheblich irritieren und zur Verzögerung der Häutung führen.

Gesunde **Schlangen** streifen ihre alte Haut auf einmal und in einem schlauchähnlichen Stück, dem „Natternhemd", ab. Ein bis zwei Tage vor der eigentlichen Häutung bekommt die Schlange ein milchiges Aussehen, und die Augen werden trüb. Das rührt von einer Flüssigkeit her, die sich zwischen alter und neuer Haut bildet. Hat die neue Haut eine gewisse Festigkeit angenommen, verschwindet die Trübung. Kurz darauf reibt die Schlange ihre Maulspalte an einem Gegenstand, bis die alte Haut dort aufplatzt. Durch langsames, druckvolles Entlangkriechen an rauen, festen Gegenständen oder durch eine Astgabel wird nun die alte Haut abgerollt. Viele Schlangen stellen vor Beginn der Häutungsphase die Nahrungsaufnahme ein.

Winterruhe

Zum jahreszeitlichen Rhythmus vieler Amphibien und Reptilien gehört eine Winterruhe, die aber nur gesunde, kräftige, erwachsene Tiere ohne Probleme überstehen. Junge und schwächere Exemplare werden bei gleichbleibender Wärme weitergepflegt. Ohne eine artspezifisch lange Ruhezeit (siehe Artenteil) bei herabgesetzten Temperaturen kommen viele Reptilien und Amphibien nicht in Paarungsstimmung. Wenn Weibchen zu diesem Zeitpunkt noch trächtig sind, wartet man mit dem Beginn der Winterruhe, bis die Eier abgelegt oder die Jungtiere zur Welt gekommen sind und sich die Weibchen wieder in wohlgenährtem Zustand befinden. Tiere, die bei niedrigen Temperaturen überwintern, kann man in einem kalten aber frostfreien Kellerraum einquartieren. Man bereitet eine Kiste vor, die mit Erde und Laub zum Eingraben ausgestattet wird. Mäuse oder Ratten dürfen keine Möglichkeit haben, an das Ruhelager zu gelangen.

Viele Amphibien überwintern bei Temperaturen von 5 bis 6 °C. Man kann sie in einem mit Luftschlitzen versehenen Plastikbehälter, der mit Erde, Moos und Laub ausgelegt wird, in den Kühlschrank stellen. Vorher müssen die Tiere langsam, über mehrere Tage an niedrige Temperaturen gewöhnt werden. Tiere, die eine Winterruhe bei Temperaturen von 15 bis 18 °C einlegen, lassen sich in den kältesten Wintermonaten mitsamt ihrem Terrarium in einem ungeheizten oder nur schwach geheizten Raum im Haus unterbringen. Geckos und andere kleine Echsen, die eine Winterruhe einlegen, lässt man am besten in ihrem Terrarium (das ist für die Tiere am wenigsten mit Stress verbunden). Ist das Terrarium zu groß, um es umzusiedeln, muss man einen passenden Überwinterungsbehälter anschaffen oder bauen. Das kann eine Kiste sein oder ein kleineres Terrarium. Der Behälter wird mit der Art Bodengrund versehen, der für die Tiere üblicherweise benutzt wird. Ein Versteck sollte nicht fehlen. Ein- bis zweimal wöchentlich wird kurz gesprüht. Da Tiere, die ihre Ruhezeit bei relativ hohen Temperaturen halten, manchmal aus ihrem Versteck kommen, sollte man ihnen eine kleine Wasserschale zum Trinken zur Verfügung stellen.

Da wechselwarme Tiere bei den niedrigen Temperaturen in der Winterruhe nicht verdauen können, ist eine völlige Entleerung des Darmes notwendig. Andernfalls kann die Nahrung im Darm faulen, was schließlich zum Tod des Tieres führt. Bei kleinen Tieren füttert man etwa eine Woche, bei größeren etwas länger vor Beginn der Ruhezeit nicht mehr. Währenddessen werden die Temperaturen im Terrarium leicht gesenkt. Schildkröten und Schlangen kann man vor Beginn der Ruhezeit lauwarm baden. Dabei wird oft noch Restkot abgesetzt.

Bei allen Methoden ist die regelmäßige Kontrolle von Temperatur und Luft- sowie Substratfeuchtigkeit im Winterquartier wichtig. Allerdings darf man die Tiere dabei in ihrer Ruhe nicht stören. Um die Winterruhe zu beenden werden die Tiere im Terrarium aufgewärmt, indem man Lampen und Heizer allmählich wieder in Betrieb nimmt.

Fortpflanzung

Auch wenn die Vermehrung seiner Terrarientiere gar nicht das vorrangige Ziel des Pflegers war, ist sie doch der deutlichste Beweis für eine artgerechte Haltung und so etwas wie die Krönung der Terraristik. Beherzigt man alle Pflegehinweise und versorgt das Terrarium mit seinen Insassen richtig und zuverlässig, werden sich die Tiere in aller Regel früher oder später fortpflanzen. Pflegt man aber beispielsweise wegen der schöneren Farben nur ein Männchen, lässt man nicht nur einen Großteil des Verhaltensrepertoires der Tiere außen vor, man bringt sich selbst um die mit Sicherheit beglückendsten Erfahrungen, die man in diesem Hobby überhaupt machen kann, und weiß nichts von dem berechtigten Stolz, wenn die ersten „eigenen" Nachzuchten gesund und kräftig heran wachsen.

Paarung und Trächtigkeit

Die Paarungszeit beginnt bei den meisten Arten im Frühjahr. Während der Trächtigkeit sollte besonders auf eine ausreichende Mineralstoffzufuhr geachtet werden. Viele Echsenweibchen nehmen in dieser Zeit auch vermehrt Kalk vom Boden auf. Die Anzahl der Gelege in einem Jahr und die Stückzahl der Eier innerhalb eines Geleges sind von der jeweiligen Art abhängig, jüngere Tiere produzieren weniger Eier als ältere. Weibchen insekten- und pflanzenfressender Arten nehmen während der Trächtigkeit und danach gern ab und zu Mäuse. Sie sind sehr nahrhaft und reich an Calcium.

Phelsuma madagascariensis grandis bei der Paarung. Wie bei den meisten Echsen hält das Männchen (rechts) das Weibchen bei der Paarung an der Nackenhaut fest.

Eiablage

Ovipare (= Eier legende) Reptilien produzieren weichschalige oder hartschalige Eier. Weichschalige Eier werden in feuchter Erde oder Sand eingegraben und nehmen Flüssigkeit auf. Sie dehnen sich im Verlauf der Eizeitigung, denn die äußeren Hüllen sind ledrig und elastisch.

Leguane, Agamen, einige nachtaktive Geckos, Skinke, Warane, einige Schildkröten und Schlangen entwickeln weichschalige, Taggeckos und manche nachtaktive Geckos hartschalige Eier mit einer oft dünnen, starren äußeren Kalkschicht.

Unter dem Begriff Eizeitigung versteht man das Erbrüten von Reptilieneiern unter den für sie günstigen Voraussetzungen. Sie umfasst den Zeitraum nach der Eiablage bis zum Schlupf der Jungtiere.

Viele Taggeckos kleben ihr Gelege, das in der Regel aus zwei zusammenhängenden Eiern, sogenannten Doppeleiern, besteht, mit einem Sekret an glatte Flächen wie Innenwandungen von Bambusröhren, oft auch an die Terrarienscheiben. Das Weibchen hält die Eier mit den Hinterbeinen solange fest, bis die Schalen ausgehärtet

Die Eier werden vom Weibchen solange festgehalten, bis sie ausgehärtet sind. *Lepidodactylus lugubris* ist ein Gecko, der sich durch Jungfernzeugung fortpflanzt.

sind. Kleine Baumbewohner wie *Anolis* bevorzugen manchmal höher gelegene Stellen zum Vergraben des Geleges, etwa Pflanzgefäße im Geäst oder an der Rückwand.

Viele Leguane und Agamen graben eine Höhle in den Boden, um dort ihr Gelege abzusetzen. Das Substratschicht am Eiablageplatz muss dazu hoch genug sein, der Platz sollte etwas geschützt liegen und nicht direktem Licht ausgesetzt sein. Er sollte weder an einer heißen noch an der kühlsten Stelle eingerichtet werden, günstig ist ein mittlerer Temperaturbereich. Manche Tiere brauchen Deckenkontakt. Weil sie in dieser Phase sehr stark und manchmal über Tage oder sogar Wochen graben, muss eine Konstruktion, insbesondere für größere Arten gut durchdacht und stabil gefertigt sein, um Komplikationen wie ein Verrutschen von Einrichtungsgegenständen auszuschließen.

Man kann für Weibchen, am besten schon vor der Trächtigkeit, eine Kiste bauen, die mit einem Eingang für das Tier versehen wird. Die Kiste füllt man mit Erde oder Sand, versieht sie mit einem abnehmbaren Deckel, setzt sie direkt auf den Terrarienboden und füllt den Terrariengrund drumherum auf. Die Kiste sollte nur so hoch sein, dass das Tier auf dem erhöhten Substrat stehend Kontakt zur Abdeckung der Kiste hat.

Trächtige Weibchen sind vor und während der Eiablage besonders stressempfindlich. Ist kein geeigneter Eiablageplatz vorhanden oder werden die Tiere durch Änderungen in der Einrichtung zu sehr gestört, kann es zum Verhalten des Geleges, der Legenot, kommen.

Lebendgeburt

Einige Reptilien bringen voll entwickelte Junge zur Welt. Die meisten Boas und viele Nattern (Strumpfbandnattern), etliche Skinke, einige Leguane und wenige Geckos sind vivipar (lebend gebärend) oder ovovivipar, das heißt die Eihülle, die den Embryo umgibt, platzt unmittelbar vor oder sogar erst während der Geburt auf. Wenn es sich nicht um Arten handelt, die ihre Jungen führen und bewachen, werden sie in einem Aufzuchtterrarium getrennt von den Alttieren aufgezogen.

Dieser kleine Leopardgecko ist vor wenigen Stunden aus seinem Ei geschlüpft. Er ist nun trocken und kann in ein Aufzuchtterrarium umgesetzt werden.

Der „Wall“ aus Kunststoff im Terrarium verhindert, dass die Jungen nach dem Schlupf von den Großen gefressen werden. Übrigens sieht man an der deutlichen Verdickung unter der Schwanzwurzel des *Stenodactylus petrii*, dass es sich um ein Männchen handelt.

Eizeitigung

Die Weibchen suchen zur Eiablage einen Platz aus, an dem die Temperatur und Luft- beziehungsweise Substratfeuchtigkeit für die Entwicklung des Geleges günstig sind. Taggeckoeier kann man in vielen Fällen an Ort und Stelle lassen. Man stülpt beispielsweise ein Sieb darüber, damit die Jungen, wenn sie schlüpfen, nicht von den Alttieren gefressen werden können. Die Gele-

ge der meisten Reptilien jedoch muss man herausnehmen und in einen Brutapparat überführen, wo eine konstante Temperatur und Feuchtigkeit gewährleistet sind. Hier können die Eier auch nicht von anderen Tieren wieder ausgegraben werden.

Brutapparate

Für die Zeitigung von Reptilieneiern gibt es im Zoofachhandel künstliche Brutapparate, die sich auf die gewünschte Temperatur einstellen lassen. Bewährt haben sich die Kunstbrutglucken der Firma Jäger. Der Selbstbau ist nicht weiter schwierig. Man benötigt dazu einen Behälter, zum Beispiel ein Kleinstgewächshaus. In der Haube (sie sollte Lüftungsschieber haben) wird ein Heizkabel verlegt und an einen Temperaturregler angeschlossen. Die Kästchen mit dem Zeitigungssubstrat und den Eiern werden in die Bodenwanne gestellt und der Temperaturfühler des Reglers dazwischengelegt. Bei dieser Methode (wie auch bei der im Handel erhältlichen Jäger-Brutglucke) kommt die Wärme von oben. Das hat den Vorteil, dass bei feuchtzuhaltenden Substraten wenig Feuchtigkeit verdunstet und daher kein Kondenswasser auf die Eier tropft, wie es bei Inkubatoren, die von unten beheizt werden, geschieht.

> Während des Umsetzens und auch später dürfen die Eier nicht gedreht werden, sondern müssen exakt in der Position bleiben, in der sie von den Tieren abgelegt worden sind, damit der oben haftende Embryo nicht vom Fruchtwasser erdrückt wird.

Man wartet, bis das Weibchen alle Eier abgelegt und gegebenenfalls auch vergraben hat. Dann werden sie mit den Fingern (sehr kleine Eier mit einem weichen Pinsel) vorsichtig freigelegt und einzeln in ein bis zur halben Höhe mit Substrat gefülltes Kästchen überführt. Vorher hat man kleine Mulden in diesen Untergrund gedrückt. Kleine dünnschalige Eier kann man zum Umsetzen vorsichtig auf einen kleinen Löffel schieben. Sie werden in die Vertiefungen gelegt, sollten jedoch nicht ganz vergraben werden, sondern oben ein wenig herausschauen, damit man ihre Entwicklung verfolgen kann.

Als Substrat für weichschalige Eier kann Erde, Torf-Sandgemisch, Vermiculite oder Perlite (Zoofachhandel) verwendet werden. Das Material muss immer leicht feucht gehalten werden. Alle drei Tage werden Temperatur und Feuchtigkeit kontrolliert und wenn nötig etwas Wasser mit einer Pipette zugegeben. Dabei dürfen die Eier keine Tropfen abbekommen. Die Kästchen deckt man am besten mit Schaumstoffen ab.

Hartschalige Eier werden in Aquariensand, Vermiculite oder Perlite gebettet. Die Zeitigung braucht bei den meisten Reptilien sechs bis zwölf Wochen, bei manchen sechs oder sogar neun Monate.

Gecko-Jungtier beim Schlupf

Schlupf

Ist die Entwicklung weit genug fortgeschritten, ritzt der Reptilienschlüpfling die Eihaut mit dem kurz zuvor an der Schnauze gebildeten Eizahn an. Das Fruchtwasser tritt nun aus, und nach ein paar Stunden schiebt das Tier den Kopf durch den Spalt. Bis es sich vollständig aus dem Ei herausgearbeitet hat, kann ein ganzer Tag vergehen. Bald nachdem das Ei geöffnet worden ist, fällt der Eizahn ab. Viele Reptilien und Amphibien häuten sich nach wenigen Tagen bereits zum ersten Mal.

Manche Arten – beispielsweise Phelsumen– häuten sich schon unmittelbar nach dem Schlupf und fressen die Haut auf. Die Eier solcher Arten werden deshalb nicht in Substraten wie Vermiculite gezeitigt, weil einzelne Partikel, die eventuell an der Haut haften, und mitgefressen werden, im Magen der winzigen Tiere aufquellen können.

Aufzucht der Jungtiere

Sobald die Jungen geschlüpft sind, werden sie in ein Aufzuchtterrarium gesetzt, das kleiner sein kann als das der Alttiere, in dem jedoch die gleichen Verhältnisse herrschen müssen. Um die Kontrolle über die Tiere zu erleichtern, sollten nicht zu viele in einem Behälter vergesellschaftet werden.

Jungtiere füttert man reichlich, sie sollten „im Futter stehen". Zu groß gewordene Futtertiere müssen aber aus dem Terrarium entfernt werden. Die Jungen insektenfressender Echsen werden jeden zweiten Tag, Pflanzenfresser zweimal täglich, Jungschlangen zwei bis dreimal wöchentlich gefüttert. Das Futter wird jedes Mal mit einem Mineralsstoff-Vitaminpräparat angereichert (Siehe Kapitel „Das Futter"). Ins Sprüh- oder Trinkwasser gibt man ein flüssiges Vitaminmittel.

> Wenn einzelne Tiere schlecht fressen, muss man sie separieren, da sie eventuell von den stärkeren unterdrückt werden. Die Unterdrückung schwächerer Individuen durch stärkere muss sich nicht unbedingt in für uns sichtbarer Bedrohung äußern.

Fortpflanzung bei Amphibien

Viele Molche, Kröten und Frösche laichen in Gewässern, manche, wie die Baumsteigerfrösche, in den winzigen Wasseransammlungen in Bromelientrichtern. Laubfrösche falten ihr Gelege in Blätter von Bäumen oder Sträuchern, deren Zweige über einen Teich hängen, so dass später die zappelnden Kaulquappen ins Wasser fallen. Manche Pfeilgiftfrösche befeuchten ihr Gelege und tragen die geschlüpften Kaulquappen auf dem Rücken zum Wasser. Jedoch entwickeln sich alle Amphibien von der Kaulquappe zum fertigen Tier im Wasser.

Eine regelmäßige, täglich fünf- bis zehnminütige UV-Bestrahlung aus einem Meter Abstand vom Tier ist gerade in der Wachstumsphase tagaktiver Reptilien sehr förderlich.

Kaulquappen von Molchen, Salamandern, Fröschen und Kröten setzt man in ein belüftetes Aquarium, das mit Hornkraut, Wasserpest oder Javamoos eingerichtet wird.

Viele Kaulquappen fressen kleine Wasserflöhe und zerriebenes Flockenfutter für Aquarienfische, andere filtrieren Mikroorganismen aus dem Wasser. Mit einem Sud aus Brennnesseltee lassen sie sich ernähren. Zwischendurch können den Filtrieren auch kleinste Mengen Frischhefe gegeben werden. Auf eine gute Wasserqualität ist zu achten. Wer ein Aquarium mit Fischen hat, kann das Wasser für den regelmäßigen Wasserwechsel daraus entnehmen.

Sobald die Quappen Beine entwickeln, senkt man den Wasserstand und legt Steine oder Hölzer ins Becken, an denen die Tiere nach der Umwandlung ohne Probleme aus dem Wasser steigen können. In dieser Phase kann es leicht passieren, dass die Tiere ertrinken, wenn die Ausstiegsmöglichkeit zu steil oder glatt ist. Der Schwanz verbleibt bei Fröschen und Kröten als Nahrungsreserve und wird innerhalb von ein paar Tagen aufgezehrt. Nun werden lebende Essigfliegen, Heimchen, Enchyträen oder Grindalwürmchen benötigt, und die Tiere müssen in einem Aquaterrarium gehalten werden.

Krankheiten

Viele Erkrankungen haben ihre Ursache in einer falschen Haltung und Ernährung unserer Terrarientiere, und lassen sich durch artgerechte Haltungsbedingungen vermeiden. Den zweiten Schwerpunkt – von der Häufigkeit der befallenen Tiere aus betrachtet – bilden die von Parasiten ausgelösten Krankheiten. Wild lebende Tiere beherbergen Innen- und Außenparasiten, die sich rasch ausbreiten können, werden sie nicht bekämpft.

Man sollte sich für alle Fälle beizeiten nach einem Tierarzt umsehen, der sich mit der Behandlung wechselwarmer Tiere auskennt. Im Krankheitsfall fehlt meistens die Zeit dazu. Niemals darf man Medikamente nach eigenem Gutdünken geben.

Quarantäne

Neuzugänge, die nicht ganz sicher parasitenfrei sind, werden zunächst in einem Quarantäneterrarium untergebracht.

Wer neuerworbene Tiere sofort zu dem alten Bestand setzt, kann unter Umständen böse Überraschungen erleben. Parasiten, wie Milben oder verschiedene, im Darm schmarotzende Würmer können sich ausbreiten, auf andere Tiere übertragen werden und das Terrarium verseuchen. Sollte das geschehen sein, muss das volleingerichtete Terrarium wieder ausgeräumt und sterilisiert werden.

Milben und Zecken

Im Terrarium können sich Parasiten sehr schnell vermehren und ihren Wirt ernsthaft schädigen.

Jedes neuerworbene Tier wird auf Ektoparasiten (Milben und Zecken) untersucht. Das geschieht am besten, bevor das Tier ins Terrarium gesetzt wird. Zecken lassen sich nach der altbewährten Methode mittels Pinzette herausdrehen. Um Milben zu entdecken, schaut man mit einer Lupe bei gutem Licht „gegen den Strich" der Schuppen. Das muss sehr sorgfältig geschehen, da die winzigen, punktförmigen, schwarzen oder roten Milben, die eventuell unter den Schuppen sitzen und Blut saugen, manchmal nur sehr schwer zu erkennen sind. Je nach Schwere des Befalls reibt man Echsen und Schlangen ein- bis dreimal im Abstand von zwei Tagen vollständig mit Unguentolan®, einer Lebertransalbe aus der Apotheke, ein. Die Nasenlöcher lässt man frei. Die Behandlung muss nach zehn bis 14 Tagen wiederholt werden, um die aus den Eiern geschlüpften Jungmilben abzutöten. Fließpapier im Quarantäneterrarium täglich auswechseln und Einrichtungsgegenstände abbrausen! Vorsicht ist bei Geckos und anderen Echsen geboten, deren Haut dünn und fein ist! Hier dürfen nur die befallenen Stellen mit einem Wattestäbchen und etwas Speiseöl betupft werden. Die Füße von Echsen mit Haftlamellen dürfen nicht mit dem Öl in Berührung kommen.

Neguvon®, ein starkes Gift, das in der Fachliteratur leider immer noch oft zur Bekämpfung von Ektoparasiten empfohlen wird, führt bei trächtigen lebendgebärenden Kriechtieren zu schweren Schädigungen der Embryonen, zum Absterben der Jungtiere nach der Geburt und manchmal sogar zum Tod adulter Tiere. Dasselbe gilt auch für Insektenstrips. Mit Ardap® (aus der

Apotheke oder dem Zoofachgeschäft) kann man ein befallenes Terrarium aussprühen. Der Behälter muss abgedichtet und nach Abschluss der Behandlung gut ausgelüftet werden. Über die Auswirkungen der direkten Behandlung an wechselwarmen Tieren ist noch wenig bekannt.

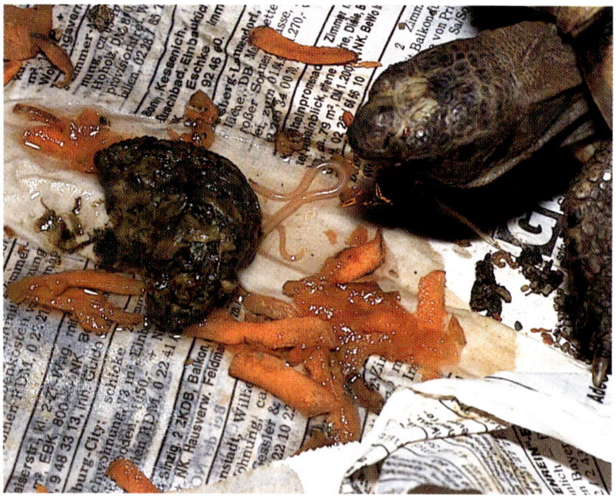

Wurmbefall ist bei Reptilien leider nicht selten, aber mit Hilfe einer gezielt angewandten Wurmkur gut in den Griff zu bekommen.

Darmparasiten

Darmparasiten – vor allem Würmer – kommen bei Wildfängen, manchmal auch bei Nachzuchttieren, die mit Wildfängen zusammen gehalten worden sind, sehr häufig vor. Ohne Behandlung führt ein Befall zu Abmagerung, Schwächung und Ansteckung anderer Terrarienbewohner. Von neuangeschafften Tieren, auch wenn es Nachzuchten sind, sollte deshalb immer eine Kotprobe vom Tierarzt mikroskopisch untersucht werden, es kostet nur ein paar Mark. Man kann auch eine Sammelprobe von mehreren Tieren nehmen. Bei einem positiven Befund müssen alle Terrarientiere behandelt werden. In den meisten Fällen genügt eine oral verabreichte Wurmkur mit Nachbehandlung. Zur Kontrolle sollte etwa zwei Wochen danach eine weitere Kotprobe untersucht werden. Während der Behandlungsdauer hält man die Tiere so sauber wie möglich.

Hauterkrankungen

Bei Amphibien werden Hauterkrankungen - erkennbar an weißlichen oder rot unterlaufenen Stellen und kleinen schwarzen Knötchen meistens durch Bakterien oder Pilze verursacht und durch gleichzeitigen Vitaminmangel begünstigt. Auch die Gliedmaßen können befallen sein. Da dem Laien eine genaue Diagnose nicht möglich ist, wendet er sich am besten an einen erfahrenen Amphibienpfleger oder Tierarzt. Erste-Hilfe-Maßnahmen für Molche und Salamander können Sauerstoffbäder sein, zum Beispiel mit Sanoxon® (Zoofachhandel). Zwei- oder dreimal täglich wird das Wasser gewechselt und das Mittel nachdosiert. Auch Kaliumpermanganat

In allen Fällen von Hauterkrankungen sind Belüftung des Wassers, peinlich saubere Haltung (Quarantäne-Terrarium für Amphibien mit feuchtem Fließpapier auslegen, allerdings auch trockene Stellen einrichten) und vitaminisiertes Futter sehr wichtig, damit Bakterien und Pilze sich nicht weiter ausbreiten können und die Abwehr der Tiere gestärkt wird.

(Apotheke) wirkt desinfizierend. Das Wasser sollte eine leicht rosafarbene Tönung haben. Bäder mit Ektozon® aus dem Zoofachhandel (ein Esslöffel auf zehn Liter Wasser) kann man bei Fröschen und Kröten anwenden.

Häutungsprobleme

Schlangen mit Häutungsproblemen kann man lauwarm baden, so dass die alte Haut aufgeweicht wird, und sie währenddessen immer wieder durch die Hände kriechen lassen. Auf keinen Fall darf man die Haut abziehen! Größere ruhige Echsen kann man in eine flache Schale mit lauwarmem Wasser setzen, die Haut einweichen lassen und dann vorsichtig entfernen. Bei kleinen Tieren werden Häutungsreste, die nach ein paar Tagen nicht abgestreift worden sind, mit einem Tröpfchen Speiseöl betupft. Auch auf die vollständige Häutung der Schwanzenden und Zehen bei Echsen ist zu achten. Bei Taggeckos ist meist ein Vitamin-D3-Mangel die Ursache für Häutungsprobleme. Vorbeugend gibt man regelmäßig Calcipot D3 und bestrahlt die Tiere mit UV-Licht. Viele Echsen häuten sich natürlicherweise nicht in einem Stück, sondern fetzenweise. Bei diesen Tieren darf man nicht eingreifen.

> Häutungsprobleme beruhen auf Stress, mangelnder Luftfeuchtigkeit, fehlenden Einrichtungsgegenständen, an denen die alte Haut abgestreift werden kann, und Vitaminmangel.

Mangelerscheinungen und Stoffwechselerkrankungen

Mangelerscheinungen und Stoffwechselerkrankungen beugt man durch artgerechte Haltungsbedingungen, abwechslungsreiche Fütterung, ausreichende Vitamingaben und UV-Bestrahlung vor. Man sollte jedoch nicht zu hohe Dosen eines Vitaminmittels geben, das kann mehr schaden als nützen.

Gliedmaßenlähmungen entstehen bei Vitamin-B-Mangel. Im Anfangsstadium kann man anfallsweises leichtes Zittern der Zehen beobachten. Jetzt ist es unter Umständen noch möglich, durch Zugabe eines Vitamin-B-Präparates zum Futter (vom Tierarzt) den Mangel zu beheben. Im fortgeschrittenen Stadium muss ein Tierarzt entsprechende Injektionen verabreichen.

> Stoffwechselerkrankungen wie Rachitis oder Gicht sind bei Tieren, die im Terrarium gehalten werden, leider recht häufig und beruhen auf falscher Pflege der Tiere.

Die Rachitis tritt häufig während des Wachstums auf und wird durch Vitamin-D3- und Kalkmangel verursacht. Vorbeugend bestrahlt man die Tiere regelmäßig mit einer UV-Lampe und gibt ausreichend Mineralstoffe zum Futter. Neuere Untersuchungen haben bestätigt, dass die Eingeweidegicht, die nicht selten bei Reptilien auftritt, die längere Zeit im Terrarium gehalten wurden, durch eine konstant zu geringe Luftfeuchtigkeit verursacht oder gefördert werden kann. Auch falsche oder einseitige Ernährung begünstigt die Krankheit, zum Beispiel durch zu eiweißreiches Futter bei Pflanzenfressern wie Grünen Leguanen und Landschildkröten. Sie ist nicht heilbar, sondern nur durch möglichst gute, der jeweiligen Art angemessene Haltungsbedingungen in ihrem Fortschreiten aufzuhalten.

Maulfäule

Die Maulfäule tritt am häufigsten bei Schlangen auf und wird durch unhygienische Verhältnisse, Vitaminmangel oder eine infizierte Wunde im Maul verursacht. Die Tiere stellen das Fressen ein, weil es ihnen Schwierigkeiten bereitet. Im Maul kann man bei genauerem Hinsehen zuerst kleine Entzündungen sehen, die sich später vergrößern. Auch weißliche oder gelbliche Knötchen (Eiter) im Maul weisen auf eine Maulfäule hin. Im Anfangsstadium genügt ein- oder zweimaliges Spülen am Tag mit Wasserstoffperoxidverdünnung (Apotheke), bis die Symptome abgeklungen sind. Vitamingaben (insbesondere A und C) und eine saubere Haltung unterstützen die Heilung. Im fortgeschrittenen Stadium ist eine Behandlung durch den Tierarzt mit einem Antibiotikum nötig.

Atemwegserkrankungen

Oft erkälten sich die Tiere beim Transport oder wenn die klimatischen Bedingungen in ihrem Terrarium ungünstig für sie sind. Eine Erkältung erkennt man an Atemgeräuschen und Niesen des Tieres. Wenn eine Schlange den Hals hochreckt, aufbläht und das Maul aufreißt, hat sie eine Lungenentzündung, und es ist höchste Zeit, den Tierarzt aufzusuchen, der mit Antibiotika vielleicht noch helfen kann. Rotlichtbestrahlungen (während dessen für Luftfeuchtigkeit sorgen) und Vitamingaben sind förderlich. Auch Schildkröten sind anfällig für Erkältungskrankheiten, die ohne Behandlung chronisch werden können. Hier sind die Symptome Niesen und später Sekretfluss. Erkältungskrankheiten sollten ernst genommen und schon im Anfangsstadium von einem Tierarzt behandelt werden.

> Schlangen und Schildkröten sind besonders anfällig für Atemwegserkrankungen, die durch falsche Haltungstemperaturen, abrupten Temperaturwechsel, zu hohe oder zu niedrige Luftfeuchtigkeit und durch Zugluft verursacht werden.

Abszesse

Abszesse kommen bei Leguanen und Agamen häufig im Kieferbereich vor. Ein Abszess ist äußerlich als Verdickung oder Schwellung erkennbar. Der Tierarzt wird einen Abszess in den meisten Fällen aufschneiden und ausräumen müssen. Bleibt das Tier unbehandelt, kann der Abszess auf den Knochen übergreifen.

Darm- und Hemipenisvorfälle

Ursache von Darm -und Hemipenisvorfällen kann eine angeborene Bindegewebsschwäche sein. Das betreffende Tier wird auf feuchtes Fließpapier gesetzt, damit das Gewebe nicht austrocknet. Ist das Gewebe mit Sand oder Erde verschmutzt, badet man es zuvor vorsichtig in temperiertem Wasser. Wenn sich der Vorfall bis zum nächsten Tag nicht von selbst zurückgezogen hat, muss ein Tierarzt helfen.

Verbrennungen

Lampen zur Bestrahlung des Sonnenplatzes, die einen engen Strahlungswinkel haben und viel Hitze erzeugen, dürfen nicht zu dicht über den Tieren angebracht sein, die die nur punktuelle Erwärmung nicht bemerken und sich so böse Verbrennungen zuziehen können. Lampen müssen also einen Strahlungswinkel haben, der das gesamte Tier erfasst. Es soll noch einmal daran erinnert werden, wie wichtig die Temperaturmessung und die richtige Einstellung für die jeweilige Tierart an den beheizten Plätzen ist.

> **Vorsicht!**
>
> Lampen dürfen für die Tiere nicht erreichbar sein. Auch an offen liegenden Heizkabeln können sie sich verbrennen.

Zwangsfütterung und Eingabe von Medikamenten

Um einem Tier Medikamente einzugeben, muss sein Maul mit einem kleinen Holz- oder Kunststoffspatel, der in die Maulspalte geschoben wird, geöffnet werden. Das ist bei manchen Tieren recht einfach, bei anderen sehr schwierig. Man lässt sich das am besten von einem Terrarianer zeigen, der damit vertraut ist.

Geschwächte, abgemagerte Individuen erhalten täglich Amynin® (Aminosäurelösung mit Elektrolyten, Glucose und B-Vitaminen – beim Tierarzt erhältlich) oral (über das Maul) verabreicht. Es ist sehr wichtig, dass der Flüssigkeitsverlust ausgeglichen wird, der bei Tieren in schlechtem Zustand meistens gegeben ist. Auf eine Spritzenkanüle, mit der die Flüssigkeit aufgezogen wird, steckt man ein kurzes Stück Silikonschlauch, damit das Tier, wenn es zubeißt nicht auf etwas Hartes trifft. Der Kopf des Tieres wird

Linke Seite: Stirnlappenbasilisk bei der Häutung.

hochgehalten und der Inhalt der Spritze langsam eingeflößt. Bei Schlangen muss jegliche Nahrung, auch Flüssigkeit, mit einem längeren Schlauch direkt in den Magen gegeben werden.

Wird keine Nahrung aufgenommen, muss zwangsgefüttert werden. Wann man damit beginnt, hängt in erster Linie vom Ernährungszustand des Tieres ab. Auch bei der Zwangsfütterung lässt man sich am besten von einem erfahrenen Terrarianer anleiten und helfen. Stark abgemagerten Tieren flößt man tröpfchenweise Boviserin® (natives Rinderserum, erhältlich in der Apotheke) ein. Das ernährt das Tier eine Weile, ohne den Verdauungstrakt zu belasten. Boviserin® lässt sich auch kombiniert mit Amynin® anwenden. Später kann man dann frisches Eigelb oder Babybrei vermischt mit Vitaminen eingeben, bevor man wieder zu fester Nahrung übergeht.

Verzeichnisse

Literatur

Friederich, U. & W. Volland (1998; 3. Auflage): Futtertierzucht: Lebendfutter für Vivarientiere. Verlag Eugen Ulmer, Stuttgart.

Henkel, F.-W. & W. Schmidt (1999; 2. Auflage): Terrarien: Bau und Einrichtung. Verlag Eugen Ulmer, Stuttgart.

Heselhaus, R. (1994; 2. Auflage): Taggeckos: Phelsumen. Verlag Eugen Ulmer, Stuttgart.

Klaas, P. (1989): Vogelspinnen im Terrarium: Lebensweise, Haltung und Zucht. Verlag Eugen Ulmer, Stuttgart.

Köhler, G. (1996): Krankheiten der Reptilien und Amphibien. Verlag Eugen Ulmer, Stuttgart.

Köhler, G. (1998; 3. Auflage): Der Grüne Leguan. Herpeton-Verlag, Offenbach.

Manthey, U. & N. Schuster (1992): Agamen. Natur und Tier - Verlag, Münster.

Müller, G. (1995; 3. Auflage): Schildkröten: Land-, Sumpf- und Wasserschildkröten im Terrarium. Verlag Eugen Ulmer, Stuttgart.

Nietzke, G. (1989; 4. Auflage): Die Terrarientiere, Band I. Verlag Eugen Ulmer, Stuttgart.

Nietzke, G. (1998; 4. Auflage): Die Terrarientiere, Band II. Verlag Eugen Ulmer, Stuttgart.

Rimpp, K. (1998; 4. Auflage): Salamander und Molche. Verlag Eugen Ulmer, Stuttgart.

Rogner, M. (1992): Echsen, Band I: Geckos, Flossenfüsse, Agamen, Chamäleons und Leguane. Verlag Eugen Ulmer, Stuttgart.

Rogner, M. (1994): Echsen, Band II: Warane, Skinke und andere

Echsen sowie Brückenechsen und Krokodile. Verlag Eugen Ulmer, Stuttgart.

Rösler, H. (1995): Geckos der Welt. Urania Verlag, Leipzig, Jena, Berlin.

Rössel, D. (1996): Rechtliche Fragen der Haltung giftiger und gefährlicher Tiere. D. Aqu. u. Terr. Z. (DATZ) 49 (8), 535-536 m.w.N.

Rössel, D. (1997): Schlangenhaltung in Miet- und Eigentumswohnungen. D. Aqu. u. Terr. Z. (DATZ) 50 (8), 526-527

Schulte, R. (1984; 2. Auflage): Frösche und Kröten: Tropische und einheimische Froschlurche im Terrarium. Verlag Eugen Ulmer, Stuttgart.

Trutnau, L. (1988; 3. Auflage): Schlangen, Band I. Verlag Eugen Ulmer, Stuttgart.

Wilke, H. (1998): Frösche. Verlag Gräfe und Unzer, München.

Adressen

DGHT = Deutsche Gesellschaft für Herpetologie und Terrarienkunde e. V.
Postfach 1421
Wormerdorfer Str. 46 – 48
53351 Rheinbach
Internet: http://www.dght.de

Bildquellen

Fotos:

blickwinkel / M. Vences, Witten: Seite 78 Mitte.

blickwinkel / Torsten Schröer, Witten: Seite 5, 35, 69 oben, 70 unten, 103 107.

Caster, Rudolf, Eschweiler: Seite 46, 48 unten links.

Dost, Uwe, Stuttgart: Titelfoto und Umschlagrückseite, Seite 44, 45, 67 oben.

Astrid Falk, Bonn: Seite 6, 13, 16 oben, 16 unten, 17, 24, 25 oben, 28, 37, 39, 47, 48 (2), 49 (2), 50 (3), 55, 57, 68 oben und Mitte (2), 69 Mitte, 71 Mitte und unten (2), 73, 74 oben und Mitte (2), 76 (3), 77 oben, 81 oben, 80, 81, 82, 84, 87, 88, 89, 93, 100, 104, 105 unten, 110,

Hecker, Frank, Panthen-Hammer: Seite 75 oben.

Hoppe, Dieter, Esslingen: Seite 114.

Juniors Bildarchiv / Christine Steimer, Ruhpolding: Seite 2.

Juniors Bildarchiv, Herbert Kehrer, Ruhpolding: Seite 60, 74 unten

Natur im Bild, Rainer Rörster, Osnabrück: Seite 79 unten

Ott, Gerhard, Flensburg: Seite 90.

Paysan, Klaus, Stuttgart: Seite 19, 71 oben.

Pflugmacher, Stefan, Berlin: Seite 67 unten.

Reinhard Tierfoto, Heiligkreuzsteinach: Seite 63, 70 Mitte, 72 oben.

Schaefer, Claus, Bonn: Seite 25 unten, 69 unten, 70 Mitte, 81, 105 oben.

Schmidt, Dieter, Schönow: Seite 65.

Schmidt, Wolfgang , Soest: Seite 78 unten.

Switak, Karl. H , Santa Rosa, Kalifornien: Seite 21.

Trutnau, Ludwig, Altrich: Seite 16 Mitte, 72 Mitte, 75 Mitte und unten (2), 77 unten, 78 oben, 97.

Van den Nieuwenhuizen, Arend, Zevenaar, Niederlande: Seite 72 unten.

Zeichnungen:

Sämtliche Zeichnungen wurden von der Autorin gefertigt.

Register

Hinweise auf Abbildungen sind **fett** gedruckt.

Haftung

Die in diesem Buch enthaltenen Empfehlungen und Angaben sind vom Autor mit großer Sorgfalt zusammengestellt und geprüft worden.
Der Pfleger von Terrarientieren sollte jedoch bedenken, dass er in eigener Verantwortung handelt. Der Autor und der Verlag übernehmen keinerlei Haftung.

Die Deutsche Bibliothek – CIP-Einheitsaufnahme

Ein Titeldatensatz für diese Publikation ist bei
Der Deutschen Bibliothek erhältlich.

ISBN 3-8001-7476-6

Wollgrasweg 41, 70599 Stuttgart (Hohenheim)
Internet: http://www.ulmer.de
Printed in Germany
Lektorat: Dr. Eva-Maria Götz
Herstellung & DTP: Thomas Eisele
Repro: Typomedia, Ostfildern
Druck und Bindung: Appl, Wemding

Mehr zum Thema.

Madagaskar und die umliegende Inselwelt des Indischen Ozeans zählen zu den begehrtesten Reisezielen von Naturfreunden, Herpetologen und Terrarianern. Mit diesem Farbatlas liegt erstmals in deutscher Sprache ein Bestimmungsführer und eine Beschreibung der Herpetofauna dieses Raumes vor, zugleich ein Nachschlagewerk mit allen notwendigen Informationen zur Haltung und Zucht von Amphibien und Reptilien.
Amphibien und Reptilien Madagaskars, der Maskarenen, Seychellen und Komoren. *Friedrich-Wilhelm Henkel u.a. 1995. 311 S., 275 Farbf. ISBN 3-8001-7323-9.*

Dieses Buch ist eine übersichtliche Darstellung des heutigen Kenntnisstandes in der Reptilien- und Amphibienmedizin. Dabei stehen die häufig auftretenden Krankheiten der Terrarientiere im Mittelpunkt. Schwerpunkte sind die Bereiche Diagnose, Therapie, Krankheiten der Reptilien und Krankheiten der Amphibien.
Krankheiten der Amphibien und Reptilien. *Gunther Köhler. 1996. 168 S., 134 Farbf., 57 sw-Abb. ISBN 3-8001-7340-9.*

Die Terraristik ist ein Bereich der Heimtierhaltung, der durch seine Vielgestaltigkeit auffällt. Anders als in der Aquaristik stammen die gehaltenen Tiere aus völlig verschiedenen Klimazonen und Biotopen. Dieser Tatsache entspricht das Buch vor allem auch durch die Beschreibung dieser unterschiedlichen Lebensräume: vom tropischen Regenwald bis zur trockenen Wüste. Der Tierhalter wird dadurch in die Lage versetzt, die spezifischen Ansprüche der Tiere, die er pflegen will, so weit wie möglich zu erfüllen. Dazu benötigt er auch die moderne Terrarientechnik, die ausführlich besprochen wird und die z. B. die Temperatur oder die Luftfeuchtigkeit im Terrarium ensprechend steuert. Auch bei der Einrichtung versucht man, den besonderen Ansprüchen der Terrarientiere entgegenzukommen.
Terraristik. *Ludwig Trutnau. 1994. 320 S., 100 Farbf., 49 sw-Fotos. ISBN 3-8001-7306-9.*

Amphibien im Aquarium. *Hans–Joachim Herrmann. 1994. 167 S., 85 Farb- und 9 sw-Fotos, 85 Zeichn. ISBN 3-8001-7287-9.*